地域商業と外部主体の連携による商業まちづくりに関する研究

コミュニティ・ガバナンスの観点から

新島裕基 [著]
Yuki NIIJIMA

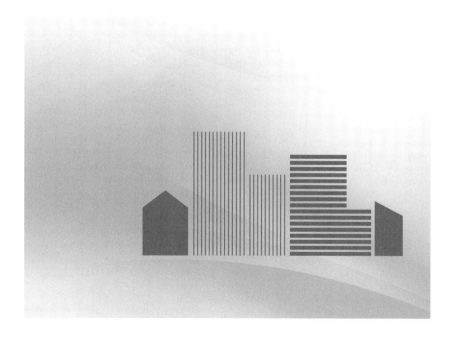

専修大学出版局

はしがき

　急激な人口減少・超高齢社会化が進展している昨今、大型店や郊外型ショッピンセンターをはじめとする多様な小売業態の開発、インターネット販売の隆盛などの影響を受けて、わが国の地域商業は著しい衰退傾向が続いている。なお、ここで地域商業とは、詳しくは本文で述べているが、商店街だけでなく、その周辺に立地する百貨店や総合量販店なども含めることとする。

　さて、こうした全般的な動向のなかで、地域商業の一部を構成する商店街を取り巻く環境を見ると、1970年代以降から現在までにかけて、交通網の発達や相次ぐ都市郊外の住宅開発などの外部要因、消費者ニーズとのミスマッチや後継者不足などの内部要因により、苦境に陥っている商店街が多いことは周知の通りである。商店街の盛衰を示す指標としてしばしば引用される中小企業庁の『商店街実態調査』（2015年度版）によると、みずからの商店街の景況感について「繁栄している」と回答したのはわずか２％に留まり、残りは「停滞」あるいは「衰退」と感じているという。実際、商店街組織の維持が困難となり、解散を余儀なくされるケースも徐々に増えつつある。

　商店街がこのような厳しい状況を打開する方向のひとつとして、まちづくりの一環であるコミュニティの担い手としての役割が期待されている。当該地域の社会的・経済的状況や商業者自身の経営状況などによって方向性はさまざまであろうが、コミュニティの担い手として貢献し得る取り組みのひとつに、地域が抱える社会課題の解決を目指す動きが活発化している。たとえば、高齢者や子育て世代の支援、買い物弱者対策、防災・防犯、生活・自然環境の保全など、多岐にわたる社会的課題に対応した取り組みが挙げられる。これらの課題解決が社会全体としてますます重要視されるようになってきているなかで、地域社会の構成員である商業者もその主体となり、近隣の地域住民の暮らしを支えることで社会課題に対応するとともに、自身の収益を得る機会にも繋げようというのである。

　近年、その方法のひとつとして、商店街が民間事業者やNPOなどの多様な外部主体と連携するケースが全国各地で展開されている。この傾向は、商店街

組織の弱体化により、構成員だけで地域社会の課題解決を担うことが困難になりつつあることにも起因する点は見逃せないが、積極的に連携の姿勢を打ち出しているところが少なくない。これを法制度のなかに位置づけたのが地域商店街活性化法（正式名称：「商店街の活性化のための地域住民の需要に応じた事業活動の促進に関する法律」）である。同法は、「地域コミュニティの担い手としての商店街」というコンセプトが掲げられ、地域住民の需要に応じて行う事業への支援が用意されている。なお、同法は2009年1月に中小企業政策審議会中小企業経営支援分科会商業部会がとりまとめた「『地域コミュニティの担い手』としての商店街を目指して～様々な連携によるソフト機能の強化と人づくり～」を受けて施行されたが、このタイトルにもあるように、商店街と外部主体が連携する重要性が謳われている。

　それでは、具体的にどのような連携の仕方で外部主体と事業活動を実施しているのか。持続的かつ実質的な連携関係の構築を支える要因としてどのようなことが考えられるのだろうか。また、経済的要素と社会的要素を両立させるためには、どのような特徴をもつ事業活動や連携の仕方が有効となり得るのだろうか。こうした現実の地域商業が向き合う問題について検討し、今後の方向について展望したい、というのが本研究の出発点となる認識である。

　他方で、社会課題の解決を目指す商業系のまちづくりに取り組む主体は商業者だけではない。近年、とくに地域商業の衰退が顕著である地方都市や過疎地域に指定されている市町村などにおいて、日常的な買い物に不便をきたす買い物弱者問題を媒介として、住民組織が事業活動の一環で乗り出す試みが見られはじめていることに着目する。こうした住民組織を主体とする商業系のまちづくりは、地域商業の研究領域においては先端事例として位置づけられるものであり、これまでほとんど研究がなされていない。この意味で、あくまで副次的な位置づけではあるものの、その動向や実態について検討する必要があると考えた。

　最後に、上記の両方を含めた本研究を通底する理論的な問題意識についてである。近年、市場競争を代替・補完する原理が求められるという観点から、地域商業の調整様式を模索する議論が展開されている。そうしたなかで、本研究では、ソーシャル・キャピタル論などの領域で、こうした考え方について先行

して議論されてきた「コミュニティ・ガバナンス」という概念に着目する。すなわち、市場によるガバナンスには「市場の失敗」が、政府によるガバナンスには「政府の失敗」が原則として付随するという欠陥があることから、「コミュニティ・ガバナンス」（community governance）によって補完することが有効であると説明している。

　人口減少・超高齢社会化などによる縮小局面にあるなかで、「望ましい」ガバナンスを実現することはさらに難題となりつつあり、これまで述べた地域商業の状況もその例外ではない。したがって、コミュニティ・ガバナンスの観点から、追試的に地域商業の調整様式について考察することが既存研究の空隙を埋める意味で有益であると考えた。

　なお、本書を構成する以下の章は、すでに発表した論文の一部を加筆・修正して組み込んだものである。それぞれの初出は次の通りである。

第 3 章：新島裕基（2015b）「地域内連携に基づく商店街活動の実態とその効果―地域商店街活性化法の認定事例を対象として」『商学研究所報』（専修大学）第47巻第 3 号, pp. 1 -39。

第 4 章：新島裕基（2015a）「地域商店街活性化法の事業評価に関する分析視角―事例研究に向けた予備的考察」『専修ビジネス・レビュー』第10巻第 1 号, pp.49-60。

第 5 章・第 6 章：新島裕基（2015b）「地域内連携に基づく商店街活動の実態とその効果―地域商店街活性化法の認定事例を対象として」『商学研究所報』（専修大学）第47巻第 3 号, pp. 1 -39。
新島裕基（2016）「地域課題の解決に向けた地域商業と外部主体との連携―ソーシャル・キャピタルの観点から」『商学研究所報』（専修大学）第48巻第 1 号, pp. 1 -35。

第 7 章：新島裕基（2017a）「地域商業と多様な主体による緩やかなネットワークの形成―浜松市ゆりの木通り商店街を事例として」『専修ビジネス・レビュー』第12巻第 1 号, pp.35-44。

第 8 章：新島裕基（2017b）「超高齢社会における中山間地域型スーパーの

展開―全日食チェーンを事例として」『流通情報』第48巻第5号，pp.60-75。

　また、上記の論文は、以下の助成を受けたプロジェクトに共同研究者あるいは研究協力者として参加した成果の一部を含んでいる。

・専修大学商学研究科研究助成（共同研究）「買物弱者問題の解明と展望」
・文部科学省科学研究費助成事業（基盤研究B）「特定商業集積整備法の検証を通して考察する商業・まちづくりの理論的・実践的展望」（課題番号24330136）
・文部科学省科学研究費助成事業（基盤研究B）「人口減少・都市縮小時代の都市中心部の老朽化商業施設等の再利用・再開発に関する研究」（課題番号：16H03674）

　筆者が未熟ながらもはじめての著書となる本書を上梓できたのは、多くの方々からのご指導および多大なご支援をいただいたおかげである。
　まず、筆者が学部生の時から現在に至るまで、指導教授として師事させていただくことができた渡辺達朗先生（専修大学商学部教授）に心から感謝を申し上げたい。渡辺先生には、筆者が流通やまちづくりの研究を志すきっかけを作っていただくとともに、日頃から真摯で厳しい研究姿勢や現場との向き合い方の重要性を繰り返し説いていただいた。さらに、実践者が集う会合や研究者による勉強会など、これ以上は望めないほどの研究環境を与えていただいた。
　本研究を取りまとめるにあたっても、研究・教育をはじめ多方面においてご多忙であるなかで、論文全体としての主張やそれを導くための各章・節の内容や構成などについて、限られた時間を割いて幾度も貴重なご助言を賜った。仮に先生からご指導を賜ることができていなければ、筆者のこれまでの研究生活はあり得なかったはずである。
　博士論文の副査を務めていただいた川野訓志先生（専修大学商学部教授）と石川和男先生（専修大学商学部教授）にも、とくに本研究の執筆過程を通じて多大なご教授をいただいた。川野先生には、要所要所で研究対象の選定や分析

枠組みに関する問題点などについて、的確なアドバイスをいただいた。石川先生には、お忙しいなか研究室を訪問させていただいたにもかかわらず、ときには予定を大幅に超えて時間を割いてくださり、本研究の草稿に目を通していただきながら、建設的なコメントを数多くいただいた。

元・商学研究科長の上田和勇先生（専修大学商学部教授）には、ただでさえ大学業務などご多忙であるにもかかわらず、論文報告会に毎回ご出席くださり、とくに論文全体の論理構成について的確なご助言を賜った。現・商学研究科長の建部宏明先生（専修大学商学部教授）にも、博士論文の論文報告会において叱咤激励をいただくとともに、分析結果の考察に関して貴重なコメントをいただいた。

筆者が所属している専修大学社会知性開発研究センター・アジア産業研究センターの研究代表者である小林守先生（専修大学商学部教授）をはじめ、日頃からお世話になっている学内の先生方には、貴重ご助言を賜るとともに、研究が遅々として進まない状況を見かねて温かい激励の言葉をいただいた。また現在、学内の共同研究プロジェクトでご一緒させていただいている吾郷貴紀先生（専修大学商学部教授）、岩尾詠一郎先生（専修大学商学部教授）から、プロジェクトを進めていくなかで、研究構成の組み立て方や進め方について学ばせていただいていることもかけがえのない経験となっている。

さらに、研究協力者として参加させていただいた文部科学省科学研究費助成事業（基盤研究 B）（課題番号：24330136、16H03674）のプロジェクトメンバーである石原武政先生（大阪市立大学名誉教授）、高室裕史先生（流通科学大学商学部教授）、石淵順也先生（関西学院大学商学部教授）、角谷嘉則先生（桃山学院大学経済学部准教授）、濱満久先生（名古屋学院大学商学部准教授）、渡邉孝一郎先生（九州産業大学商学部講師）、松田温郎先生（山口大学経済学部准教授）には、現地視察での着眼点やヒアリング調査への臨み方など、あらゆる場面で調査研究の取り組み方を間近で学ばせていただいた。また濱先生、渡邉先生、松田先生には、当該プロジェクトの「若手チーム」の一員として、研究成果の一部であるワーキングペーパーや論文を分担執筆する機会を与えていただいた。とりわけ特定商業集積整備法の検証や成果に対する考察をめぐり、度々議論を重ねながら共同研究をまとめ上げる貴重なプロセスを経験させ

ていただいた。

　このほかにも、これまでの調査研究などを通して出会うことができた各地域の実務家や専門家の方々など、ここでお一人ずつお名前を挙げることはできないが、この場を借りて御礼を申し上げたい。また、研究室の同門である佐原太一郎先生（いわき明星大学教養学部助教）、孫維維さん（専修大学大学院商学研究科博士後期課程）には、公私にわたり大変お世話になり、研究が行き詰まる度に励まし合いながら研究に臨むことができた。

　以上の方々から受けた多大な学恩を本書に活かしきれているかについて不安が拭えないが、少しでも多く反映できていることを願うほかない。

　最後に、本研究に関する調査にあたり、ヒアリングや関連資料の提供などのご協力をいただいた方々には、ご多忙のなか訪問させていただいたにもかかわらず、時間をかけて丁寧に、大変有意義なお話を聞かせていただいた。こうしたご協力がなければ、本書は決して成り立たなかったことは言うまでもない。心から感謝を申し上げる。

　なお、本書は、専修大学大学院商学研究科へ提出した博士論文をベースにして、専修大学の平成29年度課程博士論文刊行助成を受けて出版されたものである。本書の編集・校正に際しては専修大学出版局の笹岡五郎様にお世話になった。御礼を申し上げたい。

　2017年12月

新島裕基

[目　次]

はしがき

第1章　本研究の概要 3
第1節　研究目的 3
第2節　問題意識と研究課題 5
　1．問題意識 5
　2．理論的な問題 7
　3．研究課題 8
第3節　本研究の構成 10

第2章　地域商業における調整様式の視点 14
第1節　小売業者間の市場的調整 14
　1．規制緩和の進展 14
　2．経済的合理性による評価 16
第2節　市場的調整の代替的・補完的概念 17
第3節　地域商業とコミュニティ・ガバナンス 19

第3章　商業まちづくりにおける地域内連携の多様性 24
第1節　問題意識 24
第2節　商店街組織と構成員としての中小小売商 25
第3節　地域商業のネットワーク構造 28
　1．地域内連携に関する研究 28
　2．ネットワークの類型 31
第4節　評価指標と分析枠組み 33

第4章　分析の方法と対象 ……………………………………… 37

第1節　対象①：地域商業と外部主体との連携 ………………… 37

　　1．地域商店街活性化法の運用実態 ……………………………… 38

　　2．他の商店街関連事業とその成果測定 ………………………… 42

　　3．地域内連携を志向する商店街 ………………………………… 46

第2節　対象②：住民組織を主体とする商業まちづくり ……… 54

　　1．地方分権改革の変遷 …………………………………………… 55

　　2．住民組織の法人制度をめぐる動向 …………………………… 57

　　3．多様な運営方式による小売業者との連携 …………………… 63

第5章　組織的連携に基づく商店街活動の特徴 ……………… 69

第1節　「フォーマル―リジット」タイプ …………………………… 70

　　1．秋田市駅前大通商店街振興組合（秋田市）………………… 70

　　2．大川商店街協同組合（福岡県大川市）……………………… 78

第2節　「フォーマル―フレキシブル」タイプ …………………… 86

　　1．青森新町商店街振興組合（青森市）………………………… 86

　　2．七日町商店街振興組合（山形市）…………………………… 93

　　3．きじ馬スタンプ協同組合（熊本県人吉市）………………… 101

第3節　考察 ………………………………………………………… 108

第6章　インフォーマルな連携による事業活動の展開 ……… 112

第1節　「インフォーマル―リジット」タイプ …………………… 113

　　1．釧路第一商店街振興組合（北海道釧路市）………………… 113

　　2．小千谷東大通商店街振興組合（新潟県小千谷市）………… 120

　　3．呉中通商店街振興組合（広島県呉市）……………………… 127

第2節　「インフォーマル―フレキシブル」タイプ ……………… 134

　　1．中島商店会コンソーシアム（北海道室蘭市）……………… 134

　　2．飯塚本町商店街振興組合（福岡県飯塚市）………………… 142

第3節　考察：分析から得られる示唆 …………………………… 150

［目　次］

第7章　多様な主体との緩やかな連携によるネットワークの形成
　　―浜松市・ゆりの木通り商店街を事例として …………………… 154
　第1節　本章の目的 ……………………………………………………… 154
　第2節　浜松市と市内小売業の概況 …………………………………… 155
　第3節　地域内連携の特徴：プロジェクトタイプによる緩やかな連携
　　……………………………………………………………………………… 158
　　　1．ゆりの木通り商店街の概要と主な活動 ……………………… 158
　　　2．建築家・アーティストや若者との連携 ……………………… 164
　第4節　考察 ……………………………………………………………… 173

第8章　小規模多機能自治による商業まちづくりの展開
　　―住民組織と全日食チェーンによる超小型スーパーの開設 …… 176
　第1節　問題の所在 ……………………………………………………… 176
　第2節　小規模多機能自治の実態：島根県雲南市「地域自主組織」… 177
　　　1．制度の特徴 ……………………………………………………… 177
　　　2．地域自主組織「波多コミュニティ協議会」の概要 ………… 183
　第3節　地域自主組織と小売業者との連携による商業まちづくり … 188
　　　1．全日食チェーンによるマイクロスーパーの展開 …………… 188
　　　2．マイクロスーパー「はたマーケット」の運営 ……………… 191
　第4節　考察：事業継続に向けた課題と今後の展開 ………………… 196

第9章　結論 …………………………………………………………… 200
　第1節　研究成果の総括 ………………………………………………… 200
　第2節　本研究の貢献 …………………………………………………… 206
　第3節　本研究の限界と今後の課題 …………………………………… 207

参考文献 …………………………………………………………………… 209

付録：インタビューリスト ……………………………………………… 219

索引 ………………………………………………………………………… 222

ix

地域商業と外部主体の連携による
商業まちづくりに関する研究

コミュニティ・ガバナンスの観点から

新島裕基

第1章　本研究の概要

　本研究の目的は、地域商業およびその一部を構成する商店街が、経済的要素である各個店の収益の確保と社会的要素である地域課題の解決を両立しようとするために、外部主体と連携して実施する事業活動を分析することで、どのような連携の仕方や事業活動が有効となるかについて明らかにすることである[1]。

　本章では次のように議論を展開する。まず、改めて本研究の研究目的を明確にしたうえで、議論の前提となる認識を共有するために若干の用語の説明を加える。さらに、研究目的を果たすために、どのような問題意識のもとで、具体的にどのような研究課題を設定するかについて述べる。そして最後に本研究の構成を提示する。

第1節　研究目的

　小売業者は、経済活動の一部として商品やサービスを消費者に販売する。当然のことながら、小売業者の第一義的な目的は収益を上げることであり、それが市場競争のなかで商業者として存続するための必要条件となる。

　他方で、一部の小売業者は、商品やサービスの販売だけではなく、たとえばイベントで地域住民などの交流の機会や場を提供して地域の「賑わい」を創り出そうとしたり、地域の安心・安全を守るために啓蒙活動をしたり、あるいは高齢者世代や子育て世代のために良好な買い物環境を整備することなどがある。とりわけ中小小売商を中心に構成されている商店街の一部は、このほかにも工夫を凝らして改良を重ねながら多様な取り組みを実施している。こうした傾向を象徴するように、近年、「三方よし」（売り手よし、買い手よし、世間よ

3

し）や「右手に算盤、左手にコミュニティ」という理念ないしはスローガンを掲げる事業活動が全国的に展開されている[2]。なお、流通・商業の研究領域では、商店街をはじめとする地域の小売業が実施する社会的活動の役割を「社会的機能」という概念で説明することが多い[3]。

それはさておき、上記のように各個店の収益の確保と地域課題の解決を両立させることは、従来の商店街活動でも志向されてきたわけであるが、その方法のひとつとして、昨今、商店街が民間事業者やNPO、大学などの多様な主体と連携して事業活動をすることが増えている。

そこで本研究は、商店街をはじめとする地域商業と外部主体の連携の実態を明らかにしたうえで、冒頭で述べた通り、どのような連携の仕方や事業活動が経済的要素と社会的要素を両立させるために有効となるかについて明らかにすることを研究目的とする。なお本研究では、連携相手を同じ地域にある主体に限定し、彼らとの連携を「地域内連携」と呼ぶことにする。

また、以降の議論の前提として、ここで「地域」の範囲について簡単な説明を加えたい。地域という場合、国際的なレベルでEUやASEANのような複数の国からなる空間を指すこともあれば、国内の一定範囲を意味することもある。さらに国内でも、たとえば関東地方や関西地方などの広域的な範囲や、都道府県や市区町村の行政区域の場合もある。一般的に、こうして人為的に区分された地域は形式地域と呼ばれる。地域経済学の分野では、類似性や相互依存関係に基づいて「同質地域」と「結節地域」という考え方が用いられることが多い（山田2007など）。前者は、たとえば域内産業や人口構成など、地域を構成する諸要素のなかで特定の要素に注目し、その類似性に着目した区分である。後者は、地域を構成する空間や機能的な相互依存関係に着目して定義される。人や物などのフローの大きさによって測られるため、ある生産要素や生産物の市場を空間的に捉えたものとみなすことができる。典型的には通勤圏や商圏などが挙げられる。以上を考慮すると、本研究は商圏的な特性に基づいて空間を区分するため、後者の考え方に依拠して地域を捉えることが適切であろう。

さらに、「地域商業」の定義についても確認する必要がある。地域商業という用語は、その対象に含める地域の範囲や小売業者に対する認識によって様々

な定義がなされている。たとえば加藤（2009）は、従来の研究が、地域商業を「特定の地域（＝空間）を商圏（そこに住む消費者や立地する事業者を対象）として事業を営む商業者」と位置づけながら、中小小売商とほぼ同義として捉えてきたと整理している[4]。

　他方で、地域商業の担い手としてまず挙げられるのは、中小小売商や彼らを主要な構成主体として自然発生的に形成された商店街であるが、その周辺ないしは内部に立地する大型店やショッピングセンターなどを含めて捉えるべきとする見解もある（大橋2005; 渡辺2010, 2014など）。特定の空間あるいは商圏を対象にするとき、こうした規模や特徴が異なる小売業者が近接している場合が少なくないため、本研究においても同様の見解に基づいて議論を進めることにする。

第2節　問題意識と研究課題

1．問題意識

　前節で述べたように、経済的要素と社会的要素を両立させるための方法のひとつとして、地域商業と外部主体の連携に対して実践的な関心が高まりを見せているなかで、流通・商業の研究領域においても、従来から商店街が外部の個人や組織と連携することの重要性が指摘されてきた。たとえば、地域団体とのパートナーシップの意義を指摘した福田（2009）や、ソーシャル・キャピタル（社会関係資本）論に依拠しながら、商店街組織の活動を活発化させるためにも、異質的な外部の個人や集団との関係を受け入れる「接合型」（bridging）の組織内ネットワークが重要となることを主張した渡辺（2010, 2014）などが挙げられる。また、2009年に施行された地域商店街活性化法でも、商店街と外部主体が連携することの重要性について言及されており[5]、同法の認定を受けた商店街の一部では、それぞれが多様な外部主体と連携して事業活動をしている。

　しかし、上記の先行研究を含めた流通・商業の研究領域では、連携する目的や方法、事業活動の内容など、具体的で現実的な議論まで踏み込んだ研究が十

分に蓄積されているとは言えない状況にある。こうした先行研究の課題を克服するためには、当然のことながら、地域商業と外部主体の連携について具体的な事象を通じて検証していく必要があるということになる。これが本研究の背景にある第1の問題意識である。

さらに、商業まちづくりに取り組む主体は地域商業だけではない。近年、とくに地域商業の衰退が顕著である地方都市や過疎地域に指定されている市町村などにおいて、日常的な買い物に不便をきたす買い物弱者問題を媒介として、住民組織が事業活動の一環として商業まちづくりに乗り出す試みが見られはじめている。具体的には、以下で述べる「小規模多機能自治」と呼ばれる仕組みに基づいて結成された住民組織が運営主体となり、民間事業者である小売主宰のコーペラティブ・チェーンなどと連携してミニスーパーを開設する取り組みである。この意味で筆者は、商業まちづくりの領域に対して、地域商業と住民組織という異なる性格の主体が合流している状況にあるという認識を有している。したがって、あくまで副次的な位置づけではあるものの、こうした住民組織が主体となる商業まちづくりも研究対象に含めたうえで、その動向や実態について検討するべきであると考えている。これが第2の問題意識である。

第2の問題意識に関して、以下において必要な範囲で説明を加えたい。前出の「小規模多機能自治」とは、独自の住民組織制度を先駆的に整備してきた地方自治体が、当該制度を全国的に普及させる過程で名付けられた総称である。小規模多機能自治を推進する地方自治体やNPOなどで構成する「小規模多機能自治推進ネットワーク会議」は、小規模多機能自治を以下のように定義している。すなわち「自治会、町内会、区などの基礎的コミュニティの範域より広範囲の、概ね小学校区などの範域において、その区域内に住み、又は活動する個人、地縁型・属性型・目的型などのあらゆる団体等により構成された地域共同体が、地域実情及び地域課題に応じて住民の福祉を増進するための取り組みを行うこと」である。

もちろん、地域が直面している環境条件や認識されている課題などに応じての事業活動の内容は異なる。たとえば道路の清掃、高齢者の見守り、公共交通の確保をはじめとして、地域ごとに多岐にわたる事業活動が実施されている[6]。小規模多機能自治による事業活動のひとつとして商業まちづくりに注目

が集まる背景には、買い物弱者問題への対応が重要な地域課題として認識されていることがある。買い物弱者とは、急速に進展する高齢化や単身高齢世帯の増加、そしてスーパーの閉店・撤退や商店街の衰退などを要因として、高齢者を中心に、身体的または移動上の理由で食料品や日用品などの生活必需品の買い物に不便を感じる人々をさす[7]。これまでも、民間事業者や NPO などが、独自にあるいは行政の財政支援を受けながら、近隣店舗の設置、移動販売、買い物宅配・送迎サービスといった対応策を実施してきている[8]。

しかし、いざ事業が始動しても、継続的な事業運営に必要な収益を見込めないからこそ、個人商店や地元スーパーなどが閉店したり、出店を見送る結果として買い物不便地域が顕在化するわけであり、こうして市場が成立しないと判断された地域で経営を続けていくことは決して容易ではない。

こうした環境条件のなかで取り組まれている、上記のような住民組織を主体とする商業まちづくりは、抽象的に解釈すれば、新たな公共制度と民間事業を組み合わせることで、収益事業として継続的な運営を目指しながら地域課題の解決を図る、すなわち経済的要素と社会的要素の両立を目指す取り組みとして捉えることができる。地域商業の衰退で日常的な買い物場所を失うことは、とくに過疎地域に暮らす住民にとって深刻な問題であることから、今後、こうした取り組みはさらに拡がりを見せる可能性がある。

2．理論的な問題

前項までに見てきた商業まちづくりの動向は、既存の理論的研究である地域商業の調整様式の観点から見る場合、どのように捉えることができるのだろうか。上記の両方を含めた商業まちづくり全体に関わる理論的問題として、本研究の第3の問題意識について以下で検討していきたい。

伝統的な流通論の課題として「地域の論理」が欠如していることを指摘した石原（1994）を嚆矢として、経済合理的な市場競争を通じて地域商業に関するあらゆる問題や利害の調整が可能であるという想定を批判する研究がなされてきた。これまで蓄積されてきた膨大な数の先行研究を検討する余裕はないが、これらの研究では、「競争の重要性を否定するものではないが、全てを競争過程に委ねればよいというわけではない」（石原1997, p.43）という問題意識を念

頭に置きながら、商業の外部性や都市の非可逆性などの特性について議論されている。こうした問題は、いわゆる「市場の失敗」や「政府の失敗」が複合的に発生している結果として理解され、これにどう対応していくのかが主要な課題とされている。前節で触れた買い物弱者問題も代表例として位置づけることができるだろう。

近年、市場競争を代替・補完する原理が求められるという観点から、地域商業の調整様式を模索する議論が展開されている。たとえば地域商業の空間的競争について論じる加藤（2009）で提唱された「地域原理」や、都市と商業の関係を念頭に置いた渡辺（2010, 2014）のなかで、地域商業の魅力を再構築するために、市場的調整機構と政策的調整機構を補完する第3の調整機構として提起された「社会的調整機構」のような概念が挙げられる。しかし、各論者も言及しているように、限られた事例や先行研究に基づいて検討した「試論的」な段階にある。

こうした考え方は、従来からソーシャル・キャピタル論などの領域で議論されている（Bowles 1998; Bowles and Gintis 1998b, 2002など）。すなわち、市場によるガバナンスには「市場の失敗」が、政府によるガバナンスには「政府の失敗」が原則として付随するという欠陥があることから、ソーシャル・キャピタル（social capital）を基盤とする「コミュニティ・ガバナンス」（community governance）によって補完することが有効であると説明している。

昨今の規制緩和や地方分権の推進などの影響を受けて、多様で複雑かつダイナミックな側面をもつ現代の社会活動においては、「望ましい」ガバナンスを実現することはとくに困難となりつつある。先述してきたような地域商業が直面している状況もその例外ではないだろう。したがって、コミュニティ・ガバナンスの観点から追試的に地域商業の調整様式について考察することが必要であると考えている。

3. 研究課題

本項では、上記で検討してきた3つの問題意識および地域商業の調整様式やコミュニティ・ガバナンスの視点に基づいて、次の6つの研究課題を設定する。以下で要約的に確認していきたい。

第1章　本研究の概要

　地域商業を構成する商店街の一部は、経済的要素と社会的要素を両立させる
ために、NPOや大学などの多様な主体と連携して事業活動を実施することが
増えているものの、具体的な議論まで踏み込んだ研究が十分になされていない
という点は、第1の問題意識として先述した通りである。こうした先行研究の
課題を克服するために、本研究は、第1の研究課題として、まず商店街と外部
主体の連携にはどのような特徴があるかについて検討する。さらに、分析対象
である商店街が連携する目的や具体的な事業活動の内容などの実態を明らかに
したうえで、第2の研究課題として、彼らが持続的で実質的な連携関係をどの
ように構築しているかについて追究していくことにする。

　また、地域商業が主体となる商業まちづくりの分析対象は、詳しくは後述す
るが、事前調査の段階で本研究の問題意識に密接に関連する情報を網羅的に入
手しやすいという理由から、地域商店街活性化法の認定事例としているため、
同法の認定を受けていない商店街が対象から外れてしまう。そのため、異なる
アプローチで別に対象を選定することでサンプリングの問題をある程度カバー
した。そのうえで、多様な連携相手と積極的に事業活動を展開している商店街
を分析対象として、どのように経済的要素と社会的要素の両立を実現しようと
しているのかを明らかにしていきたい。これが第3の研究課題である。

　他方で、住民組織による商業まちづくりは、地域商業の研究領域において先
端事例として位置づけられるものであり、これまでほとんど取り扱われていな
い。したがって、先端事例であるため実情を明らかにすることに主眼を置きな
がら、こうした事象の実態を整理・検討することを第4の研究課題として、継
続性を確保するための課題は何かについて明らかにすることを第5の研究課題
として設定する。

　最後に、第3の問題意識である商業まちづくり全体に関連する第6の研究課
題としては、前述したように本研究全体を通じた理論的な問題である。すなわ
ち、コミュニティ・ガバナンスの概念について理論的な考察を加えることで、
追試的に地域商業の調整様式について考察するとともに、現実の商業まちづく
りにおいて、コミュニティ・ガバナンスがいかなる効果を生み出しているかを
具体的に検討することがそれである。

第3節　本研究の構成

　以上の議論を受けて、本書は本章を含む9つの章で構成されている。まず本章「本研究の概要」では、以上で述べてきたように、研究目的、問題提起や研究課題について明らかにしてきた。

　第2章「地域商業における調整様式の視点」では、地域商業および住民組織による商業まちづくりに共通する分析視角として、コミュニティ・ガバナンスの概念について検討する。はじめに1980年代半ば以降の規制緩和の進展について概観したうえで、小売業者および消費者全般の経済合理的な役割ないしは行動原理を重視する先行研究やそれに疑問を投げかけている議論について確認する。さらに、市場的調整と政策的調整を補完する調整様式を模索する研究について整理したあと、コミュニティ・ガバナンスの概念について理論的な検討を加えたうえで、地域商業の調整様式について追試的に考察する。

　第3章「商業まちづくりにおける地域内連携の多様性」では、研究課題およびこれを分析するための枠組みについて検討する。具体的には、経済的要素と社会的要素の両立について検討するために成果指標を設定する。そのうえで、ソーシャル・キャピタル論におけるネットワークに関する分類概念である「結束型」（bonding）、「接合型」（bridging）を援用し、「接合の仕方」（フォーマル／インフォーマル）と「連携相手との関係」（リジット／フレキシブル）の2軸を用いて、地域内連携の特徴を4つのタイプに類型化する。ここで先回りして暫定的に名称を付けると、商店街組織（フォーマル）として、固定的な連携関係を構築して事業活動を実施している①「フォーマル－リジット」タイプと、柔軟に連携関係を構築している②「フォーマル－フレキシブル」タイプである。この2つのタイプについては、商店街組織として連携するという共通する観点から、第5章の分析対象としている。

　他方で、もう2つのタイプは、商店街の特定の意欲的なメンバーが中心となり地域内連携を志向するという意味でインフォーマルな体制に基づいて、固定的な連携関係を構築している③「インフォーマル－リジット」タイプと、柔軟な連携関係である④「インフォーマル－フレキシブル」タイプである。これら

のタイプは第6章で分析していく。

　第4章「分析の方法と対象」では、続く第5章から第8章までの分析に移る前に、その方法と対象について説明する。まず、事例分析を採用する理由を述べたあとで、地域商店街活性化法の概要や運用実態について整理し、対象となる商店街を選定していく。以上は第5章と第6章の分析に対応する。これに加えて、次に経済産業省・中小企業庁の表彰を受けている商店街からも対象となる商店街を選定する。以上は第7章の分析に対応する。

　さらに、住民組織が主体となる商業まちづくりに着目する背景として、わが国における地方分権改革の変遷や住民組織の法人制度をめぐる動向を概観し、小規模多機能自治の実態を理解するために、その先駆的な制度のひとつである島根県雲南市の地域自主組織制度ができた経緯や目的について整理する。これらを踏まえて、買い物不便地域において、小規模多機能自治という新たな公的制度と民間事業者の収益事業を組み合わせて事業を展開している事例を検討したうえで、分析対象となる事例を選定する。この事例は第8章で分析することになる。

　第5章「組織的連携に基づく商店街活動の特徴」では、第3章で提示した分析枠組みに基づく前者の2つのタイプに焦点を合わせて、事例分析により、該当する商店街がどのような地域課題に対応して、どのような事業活動を実施してきたのか、その経緯や具体的な内容を中心に検討する。こうして地域内連携の実態を明らかにしたうえで、それと成果との関連や連携関係を支える要因について考察する。

　第6章「インフォーマルな連携による事業活動の展開」では、後者の2つのタイプについて第5章と同様に事例分析を行う。以上を踏まえて、暫定的に名付けていた地域内連携の4つのタイプごとの特徴について再考察する。

　第7章「多様な主体との緩やかな連携によるネットワークの形成」では、第5章と第6章の補完的な位置づけとして、地域商店街活性化法の認定を受けていない商店街のなかで、とくに多様な連携相手との緩やかな連携のもとで積極的に事業活動を展開している浜松市ゆりの木通り商店街を対象に事例分析を行う。

　第8章「小規模多機能自治による商業まちづくりの展開」では、小規模多機

能自治制度に基づいて結成された住民組織が主体となり、コーペラティブ・チェーンである全日食チェーンと連携してミニスーパーを運営する事例について分析する。島根県雲南市の地域自主組織「波多コミュニティ協議会」が運営するマイクロスーパー「はたマーケット」の運営実態について検討することにより、公共制度と民間機能を組み合わせながら、地域の社会課題の解決を図るとともに収益事業として継続的運営を目指す試みの成果や継続に向けた課題について考察する。

　最後の第9章「結論」では、本研究全体としての研究成果、および本研究の貢献と限界について確認するとともに、今後の研究課題について展望する。

1）　本研究のなかで検討していく問題、すなわち地域商業が経済的要素と社会的要素の両立を志向することは、渡辺（2014）の「商業まちづくり」という概念に含まれる考え方として理解することができる。すなわち、「商業まちづくり政策」という用語を「地域商業の問題を中心に据えながら、経済的側面だけでなく、社会的・文化的側面を含めた地域コミュニティのあり方に関する構想ないしは計画、およびそれらの実現に向けた地域住民を巻き込んだ運動や活動」として位置づけている（渡辺2014, p. 2）。

2）　たとえば、愛知県岡崎市中心市街地内の商店街で2002年から実施されはじめた「まちゼミ」は、「店よし、客よし、まちよし」を理念とする事業である。事業内容の詳細については長坂編（2010）を参照されたい。2017年10月現在、まちゼミは全国約300か所で実施されている。なお、三方よしについては、石原（2010）でも地域商業の社会貢献の文脈で触れられている。また、長野県佐久市岩村田本町商店街振興組合では「右手に算盤、左手にコミュニティ」というスローガンのもとで、同商店街が主体として惣菜屋や学習塾などを運営している。

3）　通商産業省の『80年代の流通産業ビジョン』（1983年）では、この役割を「社会的有効性」として評価している。しかし、同ビジョンのなかで同時に示された「経済的効率性」とは対立する軸として理解されていたことには留意が必要である。

4）　加藤（2009）pp. 3 - 4。

5）　2009年1月に中小企業政策審議会中小企業経営支援分科会商業部会がとりまとめた「『地域コミュニティの担い手』としての商店街を目指して～様々な連携によるソフト機能の強化と人づくり～」において、タイトルにもあるように、商店街と外部主体が連携する重要性が指摘されている。

6）　このような取り組みは、市町村合併による広域化や行政の財政難などを要因として、地方自治体が提供してきた公共サービスを今後も維持し続けることが事実上困難になりつつあるという状況などが影響していることにも留意が必要である。

7） 石原武政（2011）「小売業から見た買い物難民」『都市計画』第60巻第 6 号, pp.46-49。
8） 経済産業省の「地域生活を支える流通のあり方研究会」では、2010年以降、買い物弱者
支援を行っている先進事例とその工夫のポイントをまとめた『買い物弱者（買物難民）応
援マニュアル』を公表している。2017年時点で、当該マニュアルは第 3 版まで更新されて
いる。しかし、政府や地方自治体の補助金を原資として事業を実施するものの、行政の補
助金が途切れると採算が合わず事業から撤退するケースもあり、主体や継続性など課題は
少なくない。

第2章　地域商業における調整様式の視点

　本章では、地域商業および住民組織による商業まちづくりに共通する分析視角として、コミュニティ・ガバナンスの概念について検討する。

　具体的には、まず地域商業の調整様式としての市場的調整と政策的調整を補完する概念を模索する研究について整理する。そのうえで、以上の先行研究に依拠しながら、コミュニティ・ガバナンスの概念について理論的な検討を踏まえて、地域商業の調整様式について追試的に考察する。

第1節　小売業者間の市場的調整

1．規制緩和の進展

　小売業の地域経済や地域社会との関わりを意識した研究は、競争と規制の議論のなかで展開されてきた。これらの先行研究に関する議論に入る前に、まずは当時の状況について概観していきたい。

　1980年代中頃、わが国の大規模小売業者と中小小売商との間には大店法（正式名称：「大規模小売店舗における小売業の事業活動の調整に関する法律」）の運用を巡る激しい摩擦が生じていた。当時は一部の地域で地元の商工会議所や消費者団体などが絡んだ大型店出店反対運動が展開され、こうした出店調整の現場で発生している諸問題に対して社会的・政治的な関心が寄せられていた。

　他方で、大店法は、1980年代以降の対日貿易赤字の拡大を背景に、とりわけアメリカから流通分野における非関税障壁の代表例のひとつとして批判を浴びていた。この貿易収支問題が1989年から行われる日米構造問題協議へと繋がる

わけであるが、こうした「外圧」が大店法の運用の在り方を見直す契機をもたらすことになる。

　1985年4月、日本に市場開放と内需拡大を迫るアメリカなどの諸外国の圧力に対応するため、中曽根総理大臣の私的諮問機関である「国際協調のための経済構造調整研究会」が「国際協調のための経済構造調整研究会報告書」（前川レポート）を発表した。同レポートは「原則自由、例外制限」という視点に立ち、市場原理を基本とする施策を行うために、規制緩和の徹底的な推進を図るとした。さらに1988年12月、竹下総理大臣の私的諮問機関である「臨時行政改革推進審議会」（新行革審）は、1年間の審議を経て「公的規制の緩和等に関する答申」を提出した。この答申のなかで、「現行の経済的規制には、その政策的意義や必要性の高いものとそうでないものが混在しており、原則自由・例外規制の基本的考え方に立って抜本的に見直す必要がある」と提言された[1]。これらを受けて、政府は同月、新行革審答申を「最大限に尊重」することを明言する「規制緩和推進要綱」を閣議決定した。

　こうした流れを受けて、日米構造問題協議を控えた1989年6月、通商産業省産業構造審議会流通部会と中小企業政策審議会流通小委員会の合同会議（以下、合同会議）で『90年代流通ビジョン』が策定された。合同会議には、消費や流通の動向を分析して流通政策の在り方を検討する「企画調査小委員会」と政策課題を検討する「制度問題小委員会」が設置され、それぞれの委員会では次のような構想や課題が示された。前者では「商店街の活性化と『街づくり会社構想』」および「ハイクオリティライフの創造と『ハイマート2000構想』」、後者では主に大店法の運用適正化を中心とする規制緩和に関する問題である。

　本研究に直接的に関係する後者に焦点を合わせて議論を進めると、制度問題小委員会では「大店法の本来の趣旨から逸脱した運用を適正化する」ことが課題のひとつとして位置づけられた。適正化に向けた措置の詳細については割愛するが、基本的には先の新行革審答申での指摘を反映したものとなっている[2]。

　『90年代流通ビジョン』が公表されてから3か月後の1989年9月、日米構造問題協議が開始した。同協議では、貯蓄・投資パターンや輸入促進策、流通などのテーマが俎上に載せられ、大店法に関する問題も取り上げられた。

　ここで議論された大店法に関する問題は、日米構造問題協議の4回目が開催

された1990年6月、流通における「規制緩和」の項目のひとつとして最終報告にまとめられ、アメリカから次のような3段階にわたる対応を求められた。すなわち、「規制緩和に向け直ちに実施する措置（運用適正化措置等）」、「次期通常国会における提出を目指した法律改正」、「上記大店法改正後の見直し」である[3]。なお、法律の改正を目的に召集された合同会議で「中間報告」が答申され、これを受けて、1990年第120回通常国会において大店法改正関連五法（改正大店法、改正中小小売商業振興法、特定商業集積整備法、輸入特例法、改正民活法）が成立した。こうした動きは国際的な規制緩和の流れに大きく影響を受けている。1980年代に台頭したイギリスのサッチャリズムやアメリカのレーガノミクスに代表される自由主義あるいは競争主義により、従来政府が担っていた機能を市場に任せる小さな政府が志向されるようになる。わが国においても中曽根内閣以降の構造改革に対して大きな影響を与えた。

その集大成として位置づけられるのが、1993年に細川内閣に答申された経済改革研究会による報告である。ここでは規制が経済的規制と社会的規制に大別され、経済的規制の全面的撤廃、社会的規制の必要最小限度への縮小が提言された。

2．経済的合理性による評価

上記で見てきたような現実の動向のなかで、流通・商業の研究領域においても、従来から市場競争下における経済的合理性を絶対的な評価基準とする主張が展開されてきた。経済的合理性を追求するという点で代表的な議論である田村（1981）は、小売業の分野における規制緩和に異を唱えることは「消費者利益」と「流通近代化」を軽視あるいは無視することになると指摘した。一般的な流通論の教科書にもあるように、商業の中核となる機能は、生産と消費の懸隔を最も効率的に架橋することである。その意味で、小売業の行動原理は、商業の末端機関として担う効率的交換を通して、商品をより安く便利に消費者へ提供するという点に集約される。

このほかにも、経済的合理性の視点から議論されている研究として、たとえば小売業者の生産性は低いものの、急速な経済成長や保護政策などにより、市場競争の影響を受けないような環境に置かれていたことを指摘した田村（1986）

や、流通部門の生産性を中心とする国際比較から、小規模零細小売商業者にも独自の存立根拠があることを指摘した丸山（1993）、家族従業制度による雇用弾力性の低さなどが小売商業者を残存させたとする石井（1996）などが挙げられる。

　上記の論理を共有しながら、商品流通の効率性を合理的基準として、消費者の店舗選択について検討する高嶋（2012）は、小売業者が「地域コミュニティの担い手」として果たしうる効用を、消費者が買い物に出かけるときの負担に関する問題として次のように説明している。すなわち、消費者は、まとめて購入することを予定している商品群の価格である「品揃え価格」と買い物に出かけるときに生じる消費者費用の合計が最も低くなる店舗を選択する。こうした行動特性をもつ消費者の買い物の満足度が、小売店舗の商品販売を通した「交流による付加価値」によって高められる場合、買い物に対する負担感が和らげられることになるという。

　一方で、小売業者のこうした貢献を主張するためには、中小小売店舗が地域コミュニティの担い手という役割を果たすことによる地域コミュニティでの交流の意味やメリットが住民に理解されていることが条件となり、また、そのための地域コミュニティの有用性やそれへの積極的な参加を呼びかけることが重要となるという。しかし、それらが容易に実現しないことが、地域コミュニティを守るために中小小売商や商店街を政策的に保護することの障害になっているという指摘が併せてなされている。

第2節　市場的調整の代替的・補完的概念

　前項の議論の主要な関心は、小売業者および消費者全般の経済合理的な役割ないしは行動原理に向けられている。その一方で、こうした考え方に疑問を呈する議論も展開されてきた。これらの研究では、現実の市場においては「市場の失敗」が原則的に生じるため、常に最善の成果が約束されているわけではないということが念頭に置かれている。

　たとえば鈴木（1990）は、「大店法の規制緩和に関連して、市街化調整区域を含めて自由に出店させるべきであるとの意見も表明されている。中小小売業

との調整の社会的必要性が街づくりという方向で収束されていることをどう理解しているのだろうか。個別企業の『私』的な関心と商業集積の都市施設としての『公』的側面との調和を考えなければならない」と指摘した。また、「長い歴史をもつわが国の調整政策は、新しい、創造的な小売形態の発展を阻止してはこなかった。しかし、社会的な必要があると認めると、その発展の早さを抑制してきた。その必要性は時代とともに変化し、地域によって差異がある。それらを冷静に、総合的に把握するとともに一面的な判断を避けなければならない」とも主張している[4]。

さらに原田（1994）は、従来の規制見直しに関する議論が、無条件の規制緩和や撤廃にすり替えられていると指摘した。原田（1994）はアメリカにおける大規模小売店舗の出店にかかる規制を詳細に検討し、多様な規制が存在することを明らかにするとともに、経済的規制と社会的規制がそれほど明確に区分できるものではないことを主張した。「必要なのは、いかなる規制は必要で、いかなる規制は存続・強化・新設すべきかという規制見直しであり、決して規制緩和ではない。自由放任主義に基づく規制性悪論に立脚すべきではない」というのである[5]。

他方で、近年、地域商業の調整様式を考えるためにより「現実的」な概念を模索する研究もなされている。そこでは、都市空間や外部性を考慮して、市場競争を代替あるいは補完していくことが重要視されている。

たとえば、宇野（2005）は、経済的合理性や効率性の追求を一義的な目的とする市場的競争を与件として、都市空間における商業集積の競争メカニズムを議論することは不可能であると指摘した。そのうえで、代替的な論点で現実の商業集積の競争メカニズムを捉えるため、「地域コミュニティにおける固有の経済原理」の重要性を鑑み、「流通システムと都市システムが相互作用する現実的基盤」として「都市的流通システム」という独自の競争メカニズムの概念について検討している。

その一方で、市場競争に伴う社会的コストに配慮することには同意しているが、市場的調整と社会的調整を両立しうる相互補完的な関係として理解しようとする研究もある。伝統的な流通論の課題として「地域の論理」が欠如していることを指摘した石原（1994）を嚆矢として、市場的調整と相互補完的な調整

18

様式を模索する研究も展開されている。これらの研究では、市場における外部不経済や完全情報の仮定の問題[6]、都市の非可逆性などについて議論が蓄積されてきている。

　地域商業の空間的競争について検討した加藤（2009）は、自由主義的な考え方をとる経済学者の市場観そのものがアメリカ的な文化的価値の表出であるという佐伯（2002）の主張に基づいて、「市場経済は決して経済が独立して存在するわけではなく、それが円滑に機能するには社会的規範、ルール、秩序、さらには社会的価値や文化などがきわめて重要な役割を果たしている」とすれば、「それぞれの国にはそれぞれの価値観や文化を反映する資本主義が発展することになる」ことから、「市場競争主義者の想定する経済学が米国の社会や価値観の上に成り立っているとすれば、それ以外の文化や価値観をもつ国では必ずしもうまく機能しないという問題が示唆されている」と指摘した。

　さらに、こうした考え方を念頭に置きながら、市場競争や市場原理を通じての資源配分は不可避的に不均衡や問題を生み出すだけではなく、市場競争を通じての問題解決や利害調整がもはや「虚構」に過ぎないとも指摘した。そのうえで、消費文化論を取り入れながら、市場経済と「文化・社会的価値」の相互作用によって市場競争を代替または補完する「地域原理」という試論的な概念を提起している[7]。

　また、都市と商業に関する議論に基づいて地域商業を論じた渡辺（2010, 2014）は、後述するソーシャル・キャピタル論に依拠して、市場的調整と政策的調整の複合的な失敗を補完しながら地域商業の魅力を再構築するためには、第3の調整機構として「地域の関係者の協調と合意」による「社会的調整」が重要になると主張している。その際、Ostrom（1990）の新制度主義的な立場によりながら提示する共有資源（コモンズ）の管理問題や、Lin（2001）による取引合理性を追求する「経済的交換」と関係的合理性を追求する「社会的交換」の対比などについて検討しながら主張を展開している[8]。

第3節　地域商業とコミュニティ・ガバナンス

　上記のように、地域商業の調整様式を市場的調整と相互補完的な関係として

位置づけようとする研究は、学際的な観点から議論が蓄積されているものの、各論者も言及しているように、限られた先行研究や事例に基づいて整理した試論的な段階にある。一方で、こうした考え方は従来から政治経済学やソーシャル・キャピタル論などの領域で議論が展開されている（Bowles 1998; Bowles and Gintis 1998b, 2002など）。Bowles and Gintis（1998b, 2002）によれば、市場によるガバナンスには「市場の失敗」が、政府によるガバナンスには「政府の失敗」が原則として付随するという欠陥があることから、ソーシャル・キャピタルを基盤とするコミュニティ・ガバナンス（community governance）によって、両者を補完することが有効であるというのである。

こうした補完的な考え方が要請される背景として、次のようなことが挙げられている（Bowles and Gintis 1998b, 2002; Kooiman 2003など）。すなわち、昨今の規制緩和や地方分権の推進などに伴い、より「市場の失敗」や「政府の失敗」が顕在化するようになった結果、市場や政府がすべてをコントロールするのではなく、これまで独占されてきたガバナンスの一部を、NPOや自治会などの市民・地域住民レベルにおける多様な組織に移譲しようとする状況が生じているという。コミュニティ・ガバナンス論者のひとりであるKooimanは、Kooiman（2003）のなかで、市場と政府による伝統的なガバナンスに限界があることがますます認識されつつあると指摘したうえで、現代の多様で複雑な社会活動においては、ひとつの統治機構が正当で効果的なガバナンスを実現することは困難であると主張している。

以上で指摘されているような一般的な傾向を地域商業の問題に当てはめて考えると、消費者の購買先の変化や小売企業の合理的な経営判断、あるいはまちづくり3法の制定や土地利用規制緩和などが複合的に関連して顕在化した買い物弱者問題や、この問題の対応策に多様な主体が乗り出している現状にその一端を確認することができるだろう。

なお、コミュニティおよびコミュニティ・ガバナンスは非常に多義的な概念である。コミュニティについては、たとえば、Putnam（2001）はアメリカという国家社会をひとつの共同体として捉えて議論している。その意味では、国際社会、国家、民族の集団などで結びついている人々の集まりが対象であるといえる。しかし、我が国では、たとえば自治会や町内会、集落、あるいは職能

第 2 章　地域商業における調整様式の視点

組織などを念頭に置きながら、密接な相互作用で結びついている集団として認識されることが多い（Denters 2005; Warren 2008; 中田2015など）。そこで本研究においても、後者のように相対的に狭いレベルでコミュニティを捉えて議論を進めていく。

　なお、後者のレベルにおけるコミュニティは、宮川（2004）によれば次のような特徴を有している。すなわち、コミュニティにおいて相互的に関わり合いを持つ人々は、将来も関わり続ける可能性が高い。そのため、将来における仕返しを避けるため、経済合理的ではなく、集団的に合理的な方法で行動しようとするインセンティブが強まる傾向がある。したがって、コミュニティは、市場や政府と比較して、信頼や協力または報復など、協働の活動を調整するために用いられるインセンティブを、より効果的に育みながら利用できるという。

　以上のような成果を生む要因として、従来から Bowles and Gintis（2002）では、次のようなコミュニティの特性が概念化されている。すなわち、たとえその行為が利己心から正当化されない場合でも、他人と協力したり、または非協力者を罰したりしようとする性向が強いことを「強い互酬性」（strong reciprocity）と呼び、コミュニティには「強い互酬性」が備わっていると主張した。さらに「強い互酬性」が備わる要因として、コミュニティのメンバー間での頻繁な相互作用は、他のメンバーの特性や行動についての情報のコストを低め、便益を高めること、コミュニティはメンバーが他のメンバーの反社会的行為を直接処罰することにより、フリーライドを克服できることなどの特性があるためとしている。

　他方、コミュニティ・ガバナンスについてであるが、中田（2015）によれば、コミュニティ・ガバナンスは大きく分けると 2 つの代表的な考え方があるという。第 1 の考え方は、コミュニティの構成員による意思決定という形態である。すなわち、組織や他の専門家などは含まれないものである。たとえば Totikidis（2004）は、コミュニティにより行われるマネジメントと意思決定をコミュニティ・ガバナンスとして定義している。

　第 2 の考え方は、コミュニティの構成員だけではなく多様な担い手を想定し、そのなかでコラボレーション（collaboration）が行われるような形態のもとで、共同で取り組むというものである。Mckieran.etc（2000）は、コミュニ

21

ティが直面している複雑な問題は単独の個人やひとつの部門だけでは解決できないため、コミュニティだけではなく、選挙で選出された役員や企業サービスなどを含めたコラボレーションが必要であると述べている。より一般的に述べている Kooiman（2000）では、アクター同士が互いに協力し、調整し、協働する水平的な関係性のモデルであると位置づけている。そして、このような定義づけをしてはじめて、コミュニティ・ガバナンスについて明快にとらえることができると主張している（Kooiman 2000, p.142）。

以上の先行研究を含めてコミュニティ・ガバナンスの理論的系譜を整理したStoker（2004）は、コミュニティ・ガバナンスを次のように説明している。すなわち、ソーシャル・キャピタルが豊富に蓄積された社会では、人々の自発的な協調行動が起こりやすく、個人間の取引に係る不確実性やリスクが低くなるばかりでなく、住民による行政政策への監視、関与、参加が起こる。また、行政による市場機能の整備、社会サービス提供の信頼性が高まることにより、発展の基盤ができるという。さらに宮川（2004）は、コミュニティ・ガバナンスにおける個人の行動動機は、市場が前提とする経済人（homo economics）の利己主義によっても、国家が前提とする無条件の利他主義によっても捉えられないものであり、良好な制度設計のためには、コミュニティ・市場・国家は代替的ではなく補完的に扱われる必要があると主張した。コミュニティは、単独で行動する個人によっても、あるいは市場や政府によっても対処できないような問題に取り組むことができるため、望ましいガバナンスの一環となりうるという。以上で検討してきた2つの分類に基づくならば、本研究は後者の考え方に該当することになる。

このように、地域商業の問題、すなわち「市場の失敗」や「政府の失敗」を前提とする地域商業における買い物弱者問題などに対応するためには、上記で検討してきた分析視角が重要であるということができるだろう。すなわち、地域商業における複雑でダイナミックな問題について、市場的調整や政策的調整という調整機構だけでは「望ましい」ガバナンスを実現することは困難であることから、コミュニティ・ガバナンスなどに基づく補完的な調整様式が求められるという観点である。

上記の議論および地域商業研究に学際的な視点を導入した先駆的な研究であ

る加藤（2009）や渡辺（2010, 2014）を踏まえて、従来の市場的調整と政策的調整を補完しうる地域商業の調整様式に関する研究を深めていくためには、上記のような理論的な検討の一方で、具体的な組織や事業活動を踏まえながら議論する必要があると思われる。本研究の目的に照らし合わせて言えば、地域商業が経済的要素と社会的要素を両立させるためには、どのような特徴をもつ事業活動や多様な外部主体との連携関係が有効となり得るかについて検討を進めていくことが求められるといえるだろう。

1）　ここでは一般的な公的規制の見直しについて述べられているが、後に続く「個別分野の規制緩和等」で取り上げられている「流通」のなかで、大店法について個別的に指摘されている。詳しくは石原（2011）p.97を参照されたい。

2）　具体的な措置として次のような対応策が示された。すなわち、①事前説明、②小規模市町村等における出店計画の取り扱い、③商調協、④大店審、⑤届出等の適正化、⑥閉店時刻・休業日数の届出不要基準、調整目安の見直し、⑦軽微な案件の設定、⑧出店調整に係る審査、⑨事務手続きの簡素化、⑩フォローアップ、⑪地方公共団体の独自規制である。

3）　大店法に関する3段階にわたる措置については、たとえば石原（2011）, 104-119頁が詳しい。

4）　鈴木（1990）pp.224-226。

5）　原田（1994）p.6。

6）　これらの問題については、たとえば石原（2006, 2007）、渡辺（2014）などを参照されたい。

7）　加藤（2009）pp.259-265。

8）　渡辺（2014）pp.35-40、渡辺（2014）pp.167-169。

第3章 商業まちづくりにおける地域内連携の多様性

　本章では、本研究の研究課題およびこれを分析するための枠組みについて検討する。具体的には、経済的要素と社会的要素の両立について検討するために成果指標を設定する。

　ここで先回りして議論を整理すると、ソーシャル・キャピタル論におけるネットワークに関する分類概念である「結束型」(bonding)、「接合型」(bridging) を援用し、「接合の仕方」(フォーマル／インフォーマル) と「連携相手との関係」(リジット／フレキシブル) の2軸を用いて、地域内連携の特徴を4つのタイプに類型化する。

第1節　問題意識

　地域商業研究における問題意識のひとつに、「地域コミュニティの担い手」としての役割を商店街に期待する考え方がある。すなわち、商店街の主な利用者は地域住民であり、商店街の主な構成員である中小小売商は同じ地域で比較的長い間営業を続けている場合が多い。そのため、彼らと利用者との間には、商業者と消費者としての関係だけではなく、定期的に個別的な対話を重ねることで親密な人間関係が生まれる場合がある[1]。また、イベントや祭事などを実施することで地域住民に交流の場や機会を提供するという点においても、商店街は「地域コミュニティの担い手」として位置づけられている[2]。

　しかし、現実が物語るように、地域のなかで上記のように機能している商店街は決して多いとはいえない。また、こうした機能を果たし得るとすれば、そのあり方は、地域特性や社会状況、商店街自身や各地域社会が抱える課題に応

第3章　商業まちづくりにおける地域内連携の多様性

じて変化していくように思われる[3]。したがって、「地域コミュニティの担い手」として地域に貢献していたとしても、その担い方は多様である点について異論はないであろう。

　その方法のひとつとして、第1章で述べたように、商店街が民間事業者やNPOなどの多様な主体と連携して事業活動をすることが増えている。詳しくは第4章で整理することになるが、地域商店街活性化法の認定を受けた商店街の事業計画のなかでも確認できる。これらの商店街は、どのような目的で、どのような連携の仕方で外部主体と事業活動を実施しているのか、構築した連携関係を支える要因としてどのようなことが考えられるのだろうか。また、経済的要素と社会的要素を両立させるためには、どのような特徴をもつ事業活動や連携の仕方が有効となり得るのだろうか。

　以上のような問題意識を受けて、本章は次のように議論を展開する。まず、商店街組織に関する先行研究で指摘されている、商店街組織が事業を実施する際に直面する課題を中心に確認する。さらに商店街と地域住民や外部主体との連携に関する先行研究のレビューを通じて、連携の意義や期待されている効果に関する考察について検討する。

　これらを踏まえて、ソーシャル・キャピタル論のアプローチから、地域内連携の特徴について考察したうえで、本研究の研究課題を提示する。最後に、地域内連携の特徴を整理して、分析枠組みとして類型化する。具体的には「接合の仕方」と「連携相手との関係」の2軸を用いた4つの類型を導出する。

第2節　商店街組織と構成員としての中小小売商

　1980年代後半から1990年代初頭にかけて、わが国の小売商業が直面していた問題は、前述のように大店法の規制緩和を進めなければならないなかで、いかに商店街が振興を図るかということであった。政府の中小小売業関連予算も増額され、支援対象として商店街振興組合が着目されていた。こうして、商店街組織への支援が果たして実効性をもち得るのかという問題が提起されるようになる。

　商店街組織に関する先行研究は、一般的な組織化の意義や効果に関する研究

をはじめとして数多く蓄積されているが、ここでは商店街組織の特性や運営方法に焦点を当てた代表的な論考である石原（1985, 1991）、畢（2006）について概略的に整理したい。

　石原（1985）は、中小小売商の組織化や（経済的）集団対応を「大規模小売商と同じ土俵に立つ」ための行動としたうえで、次の2軸を用いて組織形態を類型化した。すなわち、商店街全体が品揃えを充実させるために業種を補い合う「補完型」か、同じ業種の店舗が集積する「累積型」かという軸と、地縁的な要因で事実上与えられたメンバーを前提として形成される「所縁型」か、何らかの具体的な共通目的のもとに形成される「仲間型」かという軸によって、組織を4つの形態に分類した。この分類に基づくならば、商店街は補完型・所縁型の組織形態に該当する。この特徴から、商店街組織を構成する中小小売商の経営資源や経営意欲にはバラつきがあるため、商店街として組織活動の目的を共有することは難しいという。

　上記を踏まえて、商店街組織一般の運営方法に焦点を当てた石原（1991）は、眼前の問題を商店街が組織的に対応すべき課題として共有できない要因について、組織内の意思決定プロセスに着目して検討した。ここでは、商店街組織の意思決定プロセスを、商店街としてどのような方向で何を行うかについて明確な方向を提示し（戦略の選択）、この選択を商店街全体の選択（合意形成）としたうえで、実際に実行するという3つの段階に整理した。これらの段階はそれぞれが相互依存的に関連し合うため、従来の「同時型合意形成」に加えて、事業の基本的な方向だけを先に合意し、細部については事業を進めながら合意を具体化していく「逐次型合意形成」を採用する重要性が提起された。

　なお、畢（2006）は同じ組織形態である商店街組織間で活動状況がなぜ異なるのかに着目し、その要因を明らかにしようとした。具体的には、千葉市の中心部に位置する2つの隣接する商店街振興組合を対象にして、環境条件や形成初期の状況が類似していながら、組織的な特徴や活動状況および経営状況が異なるのはなぜなのかを検討するために、事例分析を行った。分析の結果、構成員間の相互作用に基づくインフォーマルな調整メカニズムが構成員の意思決定の調整に重要な役割を果たすと結論づけた。

　次に、商店街組織を構成する中小小売商に着目して、組織として行動する際

の問題点を提示した研究である石原・石井（1992）、石原（1995）、横山（2006）について検討したい。

石原・石井（1992）では、中小小売商の事業への参画を阻害する要因として「日常業務の周期性の制約」に着目した。すなわち、中小小売商は少人数で店舗を経営している場合、自店の日常的な業務に時間の大半を費やす可能性が高い。そのため、商店街活動に参画する余裕が無くなり、活動への関心を持ちにくい環境になる。その結果、商店街活動を通じてある成果が生まれたと仮定する場合、彼ら自身は日常業務に専心する一方で、時間的・費用的犠牲を払って商店街活動に取り組む他の中小小売商の活動に依存し、成果だけを享受するという構図が生じる。このように中小小売商同士が「互恵的な関係」にない商店街組織は、集団としての組織性や協同性をつくることが困難になると説明した。

他方、石原（1995）では「結合生産」と「結合利潤」という概念を援用し、商店街組織における協同の困難性について次のような議論を展開した。すなわち、一般的に個人が協同する理由は、1人で行動するよりも他人と協同する方がより多くの成果を獲得できることにある（結合生産）。また、極大化を目指して得られた成果（結合利潤）は、組織の分配機構を通じて参加者に還元される。しかし、商店街組織の場合、構成員である中小小売商の業種や顧客層が異なるため、組織目的や役割構造の具体化は難しい。その結果、結合利潤も具体的に定義することが困難となり、中小小売商の間には協同する関係性が生まれにくくなるというのである。

また、石原・石井（1992）の「互恵的な関係」に関連して、横山（2006）は中小小売商の組織的活動に対する意識がどのような要因で規定されるかについて明らかにするために、定量的な研究を行った。分析の結果、商業集積における個別店同士の相互依存関係の認識が、組織的活動への意識に影響を与える可能性があるという結論を導いた。

以上をまとめると、商店街組織においては、構成員の業種や経営資源などの違いから組織全体での目的の共有が難しいこと、時間的制約や商店街活動への参加意欲の差が互恵的関係の構築を困難にすること、これらの要因から協調（合意形成）が難しいこと、といった点が指摘されていると整理できる。

これらの先行研究が、商店街組織や構成員としての中小小売商の特性を明示

したうえで、それらの特性が商店街組織としての活動に及ぼす影響について理解を深めたことは大きな貢献であるように思われる。また、商店街組織の段階的な変化が構成員である中小小売商の集積に影響する可能性や、商店街組織が段階的な変化を経てまちづくりを意識した組織構成に変化していく可能性を提示した点も特筆すべきである。

　しかし一方で、上述してきた商店街組織に関する研究は、内部組織のマネジメントに限定された研究群として位置づけられ、本稿の対象としている「地域内連携」という視点での活動自体について明示的に議論している研究の蓄積は決して多いとはいえない。というのは当然で、上記の先行研究では、基本的には活動主体として単一の商店街組織が想定されているからである。

　そこで、次節では地域内連携に関する先行研究を概略的に整理したうえで、連携の意義や重要な要素、こうした主張を補強する理論的枠組みについて検討する。

第3節　地域商業のネットワーク構造

1．地域内連携に関する研究

　本節では、まず、より動態的な視点から商店街組織の段階的変化に着目し、次のような商店街組織の分析モデルを提示した石井（1991）と渡辺（2003）について検討していく。

　石井（1991）は、商店街組織の構成小売商と集積の変容を制約する要因を仮説的に検討した。この要因は次のような4つの段階からなる商店街ライフサイクルの段階によって異なっていると主張した。すなわち、商業集積のメリットが自然発生的に発揮される第1段階、小売商の集団組織性が形成・維持される第2段階、まち全体を管理することが課題となる第3段階、まちのインフラを整備し外部ネットワークを張りめぐらせていく第4段階である。

　渡辺（2003）は、石井（1991）に依拠しながら、まちづくりに向けた商店街組織の段階的変化の様相について考慮した新しい枠組みを提示した。すなわち、競争環境の変化が商店街組織のあり方に影響を及ぼし、それが商店街の構

第3章 商業まちづくりにおける地域内連携の多様性

成員の意識変化を媒介して、商店街の行動原理や組織の役割の変化を促し、さらにそれが商店街組織のあり方に変化をもたらすというものである。また渡辺（2003）は、商店街組織がまちづくりを最重要課題とする場合、規模や面的な広がりを考慮した組織間の連携や吸収・合併の必要性について明示的に言及したという点においても、新たな視点を提供していると指摘できるように思われる。

　さらに、近年、商業集積のマネジメントという視点から、地域内連携に取り組む商店街の事例が各地で見受けられる（小宮 2009など）。先行研究では、商店街組織を構成する中小小売商は、大型店やショッピングセンターの郊外出店といった外部要因、消費者ニーズとのミスマッチや中小小売商の後継者不足などの内部要因によって衰退傾向にあるため、彼らだけで商店街活動を担うことは困難であるという認識がある（石井 1996；加藤 2008；横山 2008）。ここに地域内連携による取り組みが志向される理由を見出せるが、もうひとつの理由として、以下で整理する先行研究に共通している認識は、一部の商店街で地域社会の変化に積極的に対応しようとしているところがあるという点である。以下では、代表的な研究として福田（2005, 2008, 2009）、渦原（2004）、横山（2013）、渡辺（2014）について検討する。

　福田の一連の論考については、まず、貫徹する認識を提示している福田（2005）の「地域資源循環型商店街モデル」を確認する。これは東京都労働経済局が2001年3月に発表した『21世紀商店街づくり振興プラン』から着想を得ている。この報告では商店街を形成するためのキーワードとして、①地域・コミュニティのサポーター、②地域マネジメント手法の導入、③ネットワーク社会形成の場、④文化の伝承・創造の苗床、⑤起街家誕生の場の5つが提示されている。この視点を活かして提唱されたのが「地域資源循環型商店街モデル」である。すなわち、少子高齢化や女性の社会進出といった社会状況の変化を背景に、商店街の社会的機能に対する期待が大きくなっている状況にあるとした。そのうえで、商店街は多様なパートナーシップによる地域社会での協働に向けた取り組みを強化し、自らが持続可能なコミュニティを形成する場として、また地域を支えるプラットホームとしての役割を担うことが重要であると主張した。

ここで想定される商店街は、次の３つ性格を備えている点に特徴があり、多様なパートナーシップによる協働関係の構築の必要性が強調されている。すなわち、第１に、商業者だけでまちづくりに取り組むのではなく、市民・企業・行政・大学・NPO・学生などがそれぞれの役割を担う「協働参加事業推進の場としての商店街」、第２に、地域に蓄積された資源を活用することで外部性を発揮し、地域産業の戦略的拠点として機能する「都市経営の戦略拠点としての商店街」、第３に、地域社会の問題解決を自ら事業化していく「自己実現の場としての商店街」である。

さらに、発展的な考察として、福田（2008）では、まちづくりに関係する各組織と商店街とを繋ぐ「中間支援組織」、福田（2009）では商店街と他の連携主体との「パートナーシップ」の重要性について、筆者自身が関わってきた横浜市の「地域経済元気づくり事業[4]」などの事例を通じて検討している。

渦原（2004）は、外部主体との連携という視点を中心に、商店街再生の方向について検討している。やや議論に幅があるものの、商店街の地域社会における役割の重要性を考慮したうえで、有力な手段としてコミュニティ・ビジネスを提示している。具体的には、商店街の空き店舗等を NPO に活動拠点として活用してもらう取り組みを挙げた。

横山（2013）は、まず石原（2000）の商業集積における「依存と競争」に関する先行研究のレビューによって、「依存と競争」が生じる条件やそれに必要な構造的要因について整理した。そのうえで、先行研究と同様の理論的関心を持ちながらも、商業集積における現実の地域商業を説明するためには「地域の生活者（≠特定の消費者)」の視点を考慮するべきであるという問題提起を行った。具体的には、神戸市内の商店街を対象にした事例分析を通じて、別業種の事業者も含めた補完関係を意図的にネットワーク化する、すなわち、商店街周辺地域の商業者、商業者以外の事業者、顧客、地域団体の主体間関係を構築することによって「依存」の範囲を拡大した場合、地域の生活者の利便性をさらに向上させられる可能性があると結論づけた。

渡辺（2014）は、地域商業集積の魅力を再構築するために重要な存在として、NPO や地域商業の空間にビジネスを起業する場を求める人々、職人やアーティストといった新規参入者および外部主体を想定している。その要因とし

第3章　商業まちづくりにおける地域内連携の多様性

図3-1　地域商業の4要素

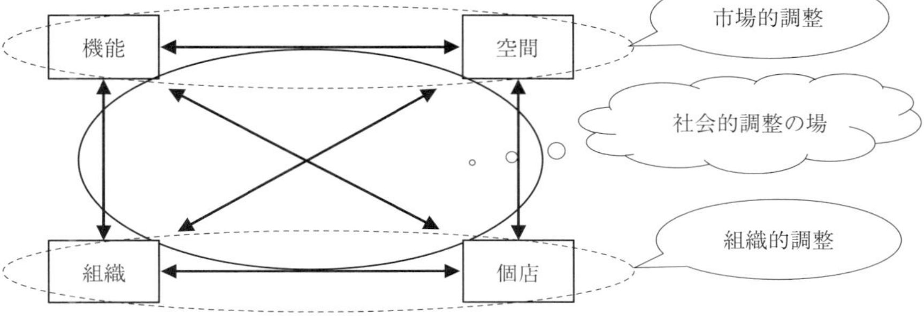

機能　空間　組織　個店

市場的調整

社会的調整の場

組織的調整

出所：渡辺（2014）p.177。

て、彼らは商業者だけでは応えきれない地域コミュニティや近隣住民のニーズに対応したり、地域商業のライフサイクルを考えるうえでも、担い手や顧客層の若返りを可能にしたりする存在として位置づけられることを挙げた。

　また、連携を円滑に機能させるための理論的基盤を、図3-1のように地域商業を相互に影響し合う4つの要素から捉え、いかにして「社会的調整」を作用させるかに求めた[5]。4つの要素とは、都市において地域商業が果たしている社会的な「機能」、地域商業が実際に広がっている「空間」、地域商業の担い手としての「個店」、担い手が連携・協力するために結成する振興組合や協同組合等の「組織」である。

2．ネットワークの類型

　他方で、地域商業の連携を分析する視点として、ネットワークの構造に着目する研究が進んでいる。その際に参考となる研究領域として、本項では、ソーシャル・キャピタル論を援用して議論を展開していく。ソーシャル・キャピタルは、政治学や社会学をはじめとする多様な研究領域で用いられる多義的な概念である。ここでその定義について詳細に検討することはできないが、重要な要素として「人々がつくる社会的ネットワーク」であり、「ネットワークに属する人々の間の協力を推進し、共通の目的と相互の利益を実現するために貢献するもの」という共通の概念基盤を有している（Coleman1990; Burt1992;

31

Putnam1993, 1995, 2000; Lin2001; 宮川2004など）。

　ソーシャル・キャピタルに関する代表的な論点として、次のようなネットワークの特徴による2つの類型が挙げられる。すなわち、第1に、同質的なメンバーが集まる場合、集団内の結びつきが強化されるとともに排他的な傾向が高まるため、規範や信頼が生まれやすくなる（Coleman 1990, 2001, 2005; Putnam 2000）。この考え方はソーシャル・キャピタルの構造的な特徴として「ネットワーク閉鎖性」（network closure）を主張したColeman（1990）の議論に基づいている。

　これに対して、第2に、異質的なメンバーで集団が構成されている場合、外部の個人ないしは集団と結びつきやすい非排除的な傾向が高まるため、様々な価値や情報を共有することが容易になる（Granovetter 1985; Burt 1992）。Granovetter（1978）の「『弱い紐帯』（weak tie）の強さ」を再検討したBurt（1992）によれば、こうしたネットワークには、その裂け目となる「構造的隙間」（structural holes）が重要な要素として含まれているという。

　以上のような代表的な研究を含めてソーシャル・キャピタルの理論的系譜を整理したPutnam（2000）は、前者のような同質的な人々が集まる閉鎖的なネットワーク構造を「内向きで排他的なアイデンティティ」をもつ「結束型」（bonding）、後者のような異質的な人々が繋がる開放的なネットワーク構造を、結束型に対比させて「外向きで多様な人々を包含する非排除的なアイデンティティ」をもつ「接合型」（bridging）として分類した。

　この考え方に基づいて、地域商業におけるネットワークの特性について論じた渡辺（2014）は、地域商業における個店間のネットワークは接合型の場合が多いのに対して、商店街組織内の関係は結束型ネットワークの場合が少なくないと推察する。そのため、外部の組織や個人が魅力を感じる連携の対象は、接合型ネットワークを形成する個店に限定されてしまう傾向にあるという。その結果、たとえばNPOやアーティストなど外部の組織や個人との連携による効果は、地域商業を構成する4つの要素（機能、空間、個店、組織）のうち、個店以外には現れにくい状況にあるとしている。したがって、連携による効果を商業集積全体に波及させていくためには、組織レベルでも異質的集団との関係を積極的に受け入れる体制を構築し、各要素の相互関係を社会的調整のもとで

円滑に機能させることが必要であると整理している。

また、商店街組織レベルで異質的集団との関係を受け入れる環境は、地域課題の解決という視点から見ても重要であると考えられる。地域や商店街組織が置かれている環境条件や課題はそれぞれであるため、商店街組織が外部主体と連携して地域課題に応じた事業活動をする場合、連携する外部の組織や個人も異なると予想されるからである[6]。

なお、以上の先行研究の多くが静態的な視点から議論を展開している一方で、現場では試行錯誤を重ねながら継続的に事業活動が行われているため、商店街と外部主体との連携関係の状態は変化していく場合も十分に考えられることには留意が必要である。

第4節　評価指標と分析枠組み

では、実際に外部主体と連携している商店街が、経済的要素と社会的要素を両立させるためには、どのような特徴をもつ事業活動や連携の仕方が有効となり得るのだろうか。こうした問題を検討するためには、地域内連携の成果について考察しうる評価指標を設定する必要があるだろう。そこで本研究では次のような指標を設定する。

① 経済性：事業活動によって、目標に対してどの程度効果を達成したか
② 社会性：事業計画のなかで設定した地域課題にどの程度対応できたか
③ 継続性：事業実施期間終了後も事業として継続しているか

すなわち「経済性」は、事業計画のなかで設定した売上や歩行者通行量などの定量的な数値目標に対する成果を、ヒアリング調査によって確認する方法を取る。ただし、数値目標に関する問題点として、目標の画一化、経済的・定量的効果の限定、設定水準の妥当性や合理性に関する客観的な判断基準の欠如などが指摘されており、数値目標の内容や達成率の水準などの課題も少なくないことには留意が必要である[7]。

次に「社会性」については、数値目標による定量的な評価を定めていない場

合がほとんどであり、またそうした評価基準で判断できる指標とも考えにくい。そのため、定性的でやや一般性に欠ける評価ではあるが、地域課題に対してどの程度対応できているかについて、ヒアリング調査に基づいた回答の範囲で確認できるところについて判断することにする。最後の「継続性」は上記で述べた通りである。

　こうした成果指標を念頭に置いて分析していくために、具体的にどのような連携の仕方で事業活動を実施しているのかという実態について整理する。前述した動態的な視点から考えていく際に、次の2つの要素が重要であると考えている。

　第1の要素は連携の方法である。商店街がある事業活動をするというとき、ひとつは基本的に商店街組織として連携することが考えられる。この場合、改めて言うまでもないが、商店街は事業活動に関わる意思決定プロセスや実行段階に組織的に対応していくことになる。

　一方、商店街組織としてではなく、意欲的に連携を志向する特定の有志のメンバーを中心に外部主体との関係を構築することがある。商店街組織が事業活動をするとき直面する課題として、前節で詳述したように、組織が活動の単位として機能しない場合が多いことや、その要因のひとつである合意形成に関わる問題が挙げられることも少なくない。こうした懸念を回避する意味でも、限られたメンバーで機動的に外部主体と活動したり、あるいは商店街組織とは別に事業組織を立ち上げて連携したりすることもある。こうしたことをソーシャル・キャピタルの議論に引き寄せて考えるとすれば、いわば商店街と外部主体との「接合の仕方」の問題として捉えることができる。

　しかし、このようなネットワークの構造的な問題だけが地域内連携の特徴を規定するわけではない。ここで第2の要素として、「連携相手との関係」の変化を想定する必要がある。すなわち、前述のように、現場では試行錯誤を重ねながら継続的に事業活動が行われているため、商店街と外部主体との連携関係は常に変わる可能性を内包している。たとえば、一旦事業計画を策定したときに組んだ連携相手との固定的な関係に基づいて事業活動を続けていく場合もある一方で、刻々と変化する内部環境や直面する競争環境に応じて、当初は想定していない連携相手との関係を柔軟に構築していく場合も少なくない。

第3章　商業まちづくりにおける地域内連携の多様性

表3-1　地域内連携のタイプ

		連携相手との関係	
		フレキシブル	リジット
接合の仕方	フォーマル	フォーマル―フレキシブルタイプ	フォーマル―リジットタイプ
	インフォーマル	インフォーマル―フレキシブルタイプ	インフォーマル―リジットタイプ

　いずれにしても、当然のことながら、定期的に会合を設けることで事業活動や今後のビジョンについて繰り返し議論するなど、継続的な関係性にあることも重要な要素のひとつであることはいうまでもない。

　以上の議論から、連携の特徴を分類するために、「接合の仕方」と「連携相手との関係」という2軸を用いることで、表3-1のような4つの類型を設定した。ここで、各類型について要約的に説明しながら、暫定的に名称をつけていくことにする。

　第1象限の類型には、商店街組織と外部の個人や組織などのそれぞれが独立して連携している場合が該当する。また、事業計画を策定したときに組んだ連携相手との固定的な関係に基づきながら、計画に沿って事業活動を続けている場合である。この類型は、地域商店街活性化法の認定計画のなかで最も多く、もしかすると一般的にも最も選択されやすい類型であるといえるかもしれない。このような特徴がある連携を「フォーマル―リジット」タイプと呼ぶことにする。

　第2象限は、第1象限と同様、商店街組織として外部主体と連携している一方、計画の時には想定していない新たな外部主体とも弾力的に連携関係を構築していく場合である。この類型は、事業を実施する段階において、追加的に顕在化してきた地域課題に組織的に対応しようとする結果として見られる可能性がある。このような特徴がある連携を「フォーマル―フレキシブル」タイプと呼ぶことにする。

　この2つの類型については、商店街組織として連携するという共通する観点から、第5章のなかで事例分析を進めていく。

第3象限の類型は、連携を志向する特定のメンバーを中心に、外部の組織や個人あるいは地域住民との関係を構築したり、彼らと構成する実行委員会などのインフォーマルな組織を立ち上げたりする場合である。このような特徴がある連携を「インフォーマル―フレキシブル」タイプと呼ぶことにする。

　最後に、第4象限の類型は、計画当初、商店街の有志のメンバーを中心に商店街組織とは別に事業組織を立ち上げて連携関係を維持しながら事業活動をしている場合である。このような特徴がある連携を「インフォーマル―リジット」タイプと呼ぶことにする。

　以上の2つの類型については、商店街組織とは異なる事業主体で活動しながら連携しているケースとして、第6章で事例分析を展開する。

1） こうした関係は、顧客のコンテキストを知ることでニーズを把握できるため、中小小売商の大規模小売業者に対する優位性としても機能するという指摘がある。詳しくは石井（1989）を参照されたい。
2） 横山（2006）では、この他にも小売業が地域に貢献する可能性として、「小売商が店舗周辺地域の生活者として行うコミュニティ活動が小売商を含めた地域の構成者の関係を維持・構築するという点」を挙げている。本稿では職住近接に関する議論は射程外のため、この点については考慮していない。
3） 山口（2014）は、この変化を注視する重要性を次のように指摘している。「商業者と地域コミュニティの相互関係がどのように変化したのかを確認する作業は、（まちづくり；筆者注）政策の有効性や問題点を検討するうえで重要である」（p.4）。
4） 事業概要や活動団体は横浜市のウェブサイトに掲載されている（最終閲覧日：2016年7月18日）。URL: http://www.city.yokohama.lg.jp/keizai/shogyo/syouten/genki.html
5） 渡辺（2014）pp.176-178。
6） なお、前項の議論を踏まえると、同質的集団による排他的な性質をもつ「結束型」の連携もあると考えられる。たとえば、商店街と町内会による清掃活動や盆踊りなどが挙げられるだろう。しかし、詳しくは後述するように、本稿は地域商店街活性化法の認定を受けた商店街を分析の対象としているが、結果的にいずれの事例も「結束型」に該当する連携は見られなかった。
7） 詳しくは渡辺（2014）pp.209-213を参照されたい。

第4章　分析の方法と対象

第1節　対象①：地域商業と外部主体との連携

　本章は、第3章で設定した研究課題を分析するために、その方法と対象について提示することを目的としている。第1章でも言及したように、本研究のような問題意識に基づいた研究は、これまで十分に蓄積されているとはいえない。したがって、研究方法として探索的なアプローチで検討するために事例研究を採用する。

　また本研究では、問題意識のひとつとして地域商業と外部主体との連携に着目している。第3章の議論を通じてその分析枠組みについて検討してきたわけであるが、本研究の分析対象のひとつは、地域商店街活性化法の認定を受けた商店街とする。その理由は、事前調査の段階で、商店街が認識している地域課題、連携の有無や事業内容などの情報を網羅的に入手しやすいためである。

　すなわち、地域商店街活性化法の認定を受けるために申請者が管轄元の経済産業局に提出する「商店街活性化事業計画に係る認定申請書」には、地域や商店街の現状と課題、地域住民のニーズ、具体的な事業内容などについて記載する項目が設けられている。申請者である商店街は、地域の課題をどのように認識し、どのような事業で対応していくことで、売上や歩行者通行量などの数値目標がどの程度改善されるかという内容を明記する必要がある。これらの情報の一部は、中小企業庁のウェブサイトに公開されているため、本研究での分析対象のサンプリングに活用した。

　しかし、分析対象を選定するうえで、次のようなバイアスがあることを認め

37

ざるを得ない。すなわち、認定申請書に記載する事業計画は、国の政策的な意向に沿うような内容が求められているため、あくまで補助金を得ることを目的に書かれた形式的な内容であることが想定される[1]。また、同法を活用していない商店街は含まれていないため、商店街全体としての母集団を代表しているわけではないことに留意が必要である。

以上のような限界はあるものの、本節では、議論の前提として地域商店街活性化法の概要と運用実態について考察したうえで、分析対象となる商店街を選定する。

1．地域商店街活性化法の運用実態

地域商店街活性化法は、中小企業政策審議会商業部会が公表した「『地域コミュニティの担い手』としての商店街を目指して～様々な連携によるソフト機能の強化と人づくり～」を受けて、2009年8月に施行された。

地域商店街活性化法第1条において、商店街は「中小小売商業及び中小サービス業の振興並びに国民生活の向上」に対して重要な役割を担ってきた存在とされている。また、第3条第1項に基づいて経済産業大臣が定める「商店街活性化事業の促進に関する基本方針」（以下、基本方針）では、商店街を「地域の中小小売商業や中小サービス業を振興するという経済的機能を有するだけではなく、地域住民の生活利便や消費者の買物の際の利便を向上させ、地域の人々の交流を促進する社会的機能をも有する存在」と評価しており、彼らが立地している地域社会のなかで果たし得る機能についても言及している。

商店街を上記のように捉えたうえで、地域商店街活性化法は「地域住民の需要に応じた事業活動」の促進などについて重点的に支援する枠組みが用意されている。具体的には、商店街などの事業計画作成主体は、作成した「商店街活性化事業計画」（以下、事業計画）が当該地域を管轄している経済産業局から認定されると、国から補助金の補助率拡大や税制措置などの支援を受けることができる。

2016年3月時点で116件の事業計画が認定を受け、3～5年程度の事業実施期間のなかで、各地で事業計画に基づいた多様な取り組みが展開されてきている。なお、現在、当該地域の経済産業局から事業計画の認定を受けると、以下

第4章　分析の方法と対象

の支援を受けることが可能となる。

・地域商業自立促進事業の補助率を拡大（1／2→最大2／3補助）
・土地等譲渡所得の1500万円特別控除
・都道府県、市町村による無利子融資（高度化融資）
・小規模企業設備導入費用に対する無利子融資の融資限度額の拡大
・中小企業信用保険法の特例による、信用保証の保証限度額の拡大

　その一方で、商店街などの事業計画作成主体は、事業計画の内容について、基本方針における「商店街活性化事業に関する事項」のなかで定められた以下の3つの項目を満たすことが求められている。

・地域住民の需要に応じて行う事業であること：「地域住民を対象にしたアンケート調査や市場調査、地域住民等からの要望書、地方公共団体や地域の商工団体等による報告書等」によって地域住民の商店街に対するニーズを十分に踏まえることが求められている。
・商店街活性化の効果が見込まれること：「商店街活性化の効果が具体的な指標により定量的に見込まれることが必要である」とし、事業終了後、事業を実施しない場合と比較した具体的な指標による商店街活性化の定量的な効果を把握することが求められている。
・他の商店街にとって参考となり得る事業であること：公的資金などの資源を投入することから、全国の他の商店街が活性化に取り組む際に参考となり得ることが求められている。

　このように、事業計画の認定を受けるには「地域住民の需要に応じて行う事業」であることが求められているため、事業計画作成主体はアンケート調査などで明らかにした地域住民のニーズを事業計画に反映させることが必要となる。こうした仕組みが組み込まれたことは、先に述べたように、実際に有効に機能しているかどうかについては検討の余地があるものの、過去の商店街振興に関連する支援策の系譜からしても特徴的なことであり、各地域の実情に合わ

せた多様な事業展開を支援することを目指す枠組みといえるだろう。

また、事業計画には「商店街活性化の効果が見込まれること」が求められており、効果を検証するために以下のような仕組みが組み込まれている。すなわち、あらかじめ事業計画作成主体が「売上高」や「歩行者通行量」などの数値目標を設定し、事業実施期間中や終了後の実績を踏まえて、当初の目標をどの程度達成できたかを検証することが規定されている。2016年3月時点で、全体の9割を超える104件の事業計画の実施期間が終了していることから、事業活動の成果に関する検証が待たれるところである。

基本方針における3点目の要件については後の議論で触れることになるが、要するに、事業計画作成主体は、認定を受ける段階で基本方針などに基づいた審査によって「地域住民の需要に応じて行う事業」であるかどうかのチェックを受け、認定を受けた「地域住民の需要に応じて行う事業」がどの程度効果を上げたのかを把握するために、事後的に数値目標の達成率を検証することが求められているわけである。

次に、地域商店街活性化法の運用実績を把握するため、事業計画の認定状況について簡単に確認していこう。前述の通り、これまで116件の商店街活性化事業計画が認定を受けている。認定件数の年度別推移をみると、同法が施行された2009年度から2015年度にかけて、それぞれ33、37、10、25、4、5、2となっており、2013年度から認定計画数が大幅に減少した。

この要因のひとつとして、詳しくは次節で言及するが、他の商店街関連予算が拡充されたことの影響が考えられる。すなわち、2012年度補正予算において事業費100％補助の「地域商店街活性化事業」（上限400万円）と同2/3補助の「商店街まちづくり事業」（上限1億5000万円）が新たに創設され、商店街にとって国による支援事業の選択肢が広がったことが影響している可能性が指摘できる。

なお、事業計画の作成には、地域住民のニーズを把握するためのアンケート調査などに関する専門知識や、商店街内部あるいは管轄の経済産業局や行政を納得させるような中長期的な事業計画のプランニングなどが求められ、商店街組織だけで遂行することは決して容易ではない。全認定計画のうち70件以上が、株式会社全国商店街支援センターの認定支援制度を活用し、専門家派遣な

第 4 章　分析の方法と対象

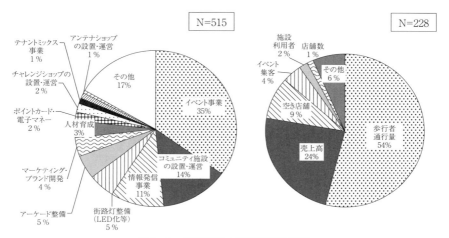

図 4-1　事業内容と数値目標の分類
出所：新島（2015）p.52。

どによるサポートを受けている[2]。

　事業計画について見てみると、各事業計画の概要詳細が公表されている中小企業庁のウェブサイトによれば、116件のなかで515の事業が計画されている。これらの事業を内容ごとに分類したのが図4-1（左側）である[3]。最も多い項目は「イベント事業」で、2番目に多い「コミュニティ施設の設置・運営」と合わせると、全事業のおよそ半分を占めている。

　また、事業計画作成主体がこうした事業を計画しているなかで、どのような数値目標を設定しているのかについて整理したのが図4-1（右側）である。116件の事業計画のなかで228の数値目標が設定されており、最も多い項目は「歩行者通行量」で、次に多い「売上高」と合わせると全数値目標の80％近くを占めていることがわかる。数値目標の設定の仕方を見ると、たとえば、「歩行者通行量」や「売上高」について、基準年から毎年2〜3％ずつ増加させるというような場合が多い。

　なお、数値目標の設定に関連する動きとして「行政事業レビュー」について触れておく必要がある。行政事業レビューとは、各省庁がそれぞれの予算事業の改善を目指し、外部有識者を含めた第三者委員会での意見などを踏まえ、前

41

年度の予算執行状況や事業成果について自己的な事後点検を行うものである。ここでの議論を経て、2012年度から新たに設けられた「中小商業活力向上事業」から、商店街の活性化を直接検証できる指標として売上高が必須項目となった。この影響を受けて、設定された数値目標の構成を2012年度の前後で比較すると、売上高の構成比率は16％から46％に上昇している。

2．他の商店街関連事業とその成果測定

　前節で地域商店街活性化法の運用実績について整理したが、そこでも一部触れたように、他にも商店街支援として様々な事業がある。地域商店街活性化法が施行された21年度から27年度までの間に実施された事業について表4-1で整理した。各事業の採択結果は中小企業庁や各経済産業局のウェブサイトで公表されているが、地域商店街活性化法の認定を受けている商店街はほぼ全て、いずれかの年度で何らかの事業を活用している。

　これらの事業に関して、経済産業省では、各事業の成果を検証するための成果指標とその目標値を設定している。たとえば、平成23年度から25年度まで実施された「中小商業活力向上事業」について確認する。「平成25年度行政事業レビューシート」によると、成果指標として、事業が採択された全ての商店街のうち「来街者の増加及び売上の改善等がみられた商店街等の割合」について、目標値としてそれぞれ65％と80％と設定されていた。実績は74％と75％で、省内に設置された行政事業レビュー推進チームは「概ね目標を達成することができた」と評価している。また、とくに先進性の期待できる事例は「モデル性の高い案件」として報告書にとりまとめられ、中小企業庁のウェブサイトで公開されている。

　なお、平成26年地域商業自立促進事業について見てみると、活動指標として採択件数257件、成果指標と目標値については、事業が採択された全商店街のうち「歩行者通行量及び売上高の目標が達成された商店街の割合」それぞれについて65％と設定している。

　こうした省内における成果検証の一方で、財務省主計局が適切な予算執行が行われているかを検証することを目的に実施している「予算執行調査」（2014年度）のなかで、2012、2013年度「中小商業活力向上事業」および2014年度

第 4 章　分析の方法と対象

表 4 - 1　経済産業省管轄の商店街関連事業（平成21年度～27年度）

	事業名	採択件数	成果指標及び目標・実績
H21	中小商業活力向上支援事業	1 次：52 2 次：42（ 0 ） 3 次：52（14） 4 次：10（ 0 ）	
	戦略的中心市街地商業等活性化支援事業	1 次：34 2 次：22 3 次：15	
補正	地域商店街活性化事業	157	
H22	中小商業活力向上支援事業	1 次：69（21） 2 次：60（21） 3 次：18（ 3 ）	
	戦略的中心市街地商業等活性化支援事業	1 次：40 2 次：23 3 次： 5	
補正	地域商業活性化事業	76	
H23	中小商業活力向上事業	1 次：52（39） 2 次：31（11）	来街者数増加及び売上改善がみられた商店街等の割合（目標：65%実績：59%）
	戦略的中心市街地商業等活性化支援事業	1 次：22 2 次： 6	①交付事業の指標で事業終了後初年度以上の割合（目標：80%実績：67%）②歩行者通行量で事業終了後初年度以上の割合（目標：120%実績：107%）
H24	中小商業活力向上事業	1 次：87（71） 2 次：14（ 3 ） 3 次： 3 （ 0 ）	来街者数の増加及び売上の改善がみられた商店街等の割合（目標：65%実績：74%）
	地域商業再生事業	1 次：30 2 次：32 3 次：67	来街者の増加及び売上の改善がみられた商店街等の割合（目標：65%実績：87%）
	戦略的中心市街地商業等活性化支援事業	1 次：34 2 次： 3	①交付事業の指標で事業終了後初年度以上の割合（目標：80%実績：64%）②歩行者通行量で事業

43

	事業名	採択件数	成果指標及び目標・実績
H24			終了後初年度以上の割合（目標：120％ 実績：107％）
補正	地域商店街活性化事業（にぎわい補助金）	1次：767 2次：510 3次：231 4次：280	①売上又は空き店舗数の改善割合②歩行者通行量の改善割合（目標：60％）
	商店街まちづくり事業（まちづくり補助金）	1次：476 2次：618 3次：269 4次：164	①安心・安全の指標の改善割合②歩行者通行量の改善割合（目標：60％）
	中心市街地魅力発掘・創造支援事業	1次：25※ 2次：4 3次：13 4次：5	①歩行者通行量の増加率平均②中心市街地の商業販売額（事業終了後初年度比）
	戦略的中心市街地商業等活性化支援事業	1次：22 2次：6	①交付事業（ハード）の指標で初年度以上の割合（目標：80％ 実績：67％）②歩行者通行量で事業終了後初年度以上の割合（目標：120％ 実績：107％）
H25	地域中小商業支援事業（中小商業活力向上事業）	1次：54（41） 2次：16（2）	①来街者が増加した商店街の割合（目標：65％ 実績：74％）②売上が改善した商店街の割合（目標：80％ 実績：75％）
	地域中小商業支援事業（地域商業再生事業）	1次：21 2次：19	来街者数の増加及び売上が改善した商店街等の割合（目標：65％ 実績：87％）
	中心市街地魅力発掘・創造支援事業	※24年度補正と同時募集	①歩行者通行量の平均増減率②中心市街地の商業販売額（初年度比）
補正	地域商店街活性化事業（にぎわい補助金）	1次先行：137 4／20締切：841 6／27締切：1156 8／15締切：349	①売上高（又は空き店舗数）の改善割合②歩行者通行量の改善割合（目標：60％）

第 4 章　分析の方法と対象

	事業名	採択件数	成果指標及び目標・実績
補正	商店街まちづくり事業（まちづくり補助金）	1 次先行：25 4 /20締切：281 6 /27締切：822 8 /15締切：970	①安心・安全の指標の改善割合②歩行者通行量の改善割合（目標：60％）
	商店街まちづくり事業（中心市街地活性化事業）	1 次：30 2 次：28	歩行者通行量の平均増減率（事業終了後初年度比）（目標：120％）
H26	地域商業自立促進事業	1 次：80（20） 2 次：25（2）	歩行者通行量及び売上高の目標が達成された商店街の割合（目標：65％）
	中心市街地再興戦略事業	1 次：9	歩行者通行量の平均増減率（事業終了後初年度比）（目標：120％）
H27	地域商業自立促進事業	1 次：84 2 次：18 3 次：11	歩行者通行量の平均増減率（初年度比）（目標：120％）
補正	商店街・まちなかインバウンド促進支援事業	43	歩行者通行量の平均増減率（初年度比）（目標：120％）

注 1 ：網掛けは地域商店街活性化法の認定を受けることで補助率が拡大する事業。
注 2 ：採択件数の（　）内は、地域商店街活性化法の認定を受けて活用された事業件数。
出所：新島（2015）pp.53-54. を加筆・修正。

「地域商業自立促進事業」を対象として、採択案件の全数調査が行われている。
　具体的には、「商店街規模（商店街構成店舗数）当たりの補助金交付決定額」と「当該事業による通行量や売上高の増加目標」との間の相関を調べている。結論として、有意な相関が見られないことから、「設定目標に対して補助金額がほぼ無関係に決定されているものと考えられ、目標設定行為が効果的・合理的な補助金の活用に生かされているとは言い難い」といった厳しい指摘がなされている。同調査では、その要因と検討課題を以下のように提示した。すなわち、前者については「商店街が目標を設定するに当たっての具体的な基準が設けられておらず、目標設定が客観的な調査や分析に基づかない主観的なものに終わっている例も散見される」という指摘がなされている。

45

また今後の検討課題として、「商店街の売上げや通行量の増加に結びつく事業か、事業の規模や投入する補助金額が期待される成果に見合っているかといった観点」で精査する一方で、「事業の成果をより総合的に評価することができる適切な指標」を導入することを挙げている。また後者については、採択率（申請数に対する採択件数）が他の同時期に執行されている中小企業関連補助金のそれと比較して高い水準にあることから、「成果指標を用いた事業全体の効率化」を図ったうえで、事業採択を適正化することを課題として挙げている。

　要するに、上記の言及から数値目標の設定基準や事業計画の審査基準が形骸化している点が問題視されていることがうかがえる。

3．地域内連携を志向する商店街

（1）地域商店街活性化法の認定事例

　上記では、地域商店街活性化法に関連する事業成果とその指標に対する指摘事項を中心に確認してきた。前述したように、地域商店街活性化法の認定を受けた事業計画について検証する際にも同様の枠組みが設けられているわけであるが、本節では、まず、効果の検証方法を検討する際の留意事項として、以下の点について確認したい。

　第1に、商店街が立地している市区町村の人口の違いである。たとえば人口が30万人近い市区町村と2万人未満の市区町村に立地する商店街では、潜在的に利用する可能性がある人々の数が異なる。また、商店街の歩行者通行量が1日平均数千、数万人の商店街と数百人の商店街では事業環境が異なることは想像に難くない。

　そこで、研究対象地域の特性を類型化するため、事業計画作成主体である商店街が立地している市区町村を、人口、人口増減率、人口密度、昼夜間人口比率を用いたクラスター分析（Ward法）によって析出した（表4-2）。その結果、以下のような4つの類型を導出した。

類型Ⅰ：政令指定都市を中心とした居住人口が多い都市
類型Ⅱ：人口が減少している地方都市

第4章　分析の方法と対象

表4-2　認定商店街が立地する市区町村別人口類型

	市区町村	人口（万人）	人口増減率（％）	人口密度（人／km²）	昼夜間人口比率（％）
I	札幌市、さいたま市、横浜市、川崎市、名古屋市、大阪市、福岡市	185	0.4	7,616	108
II	室蘭市、釧路市 青森市、むつ市、宮古市、奥州市、横手市、秋田市、大館市、鹿角市、山形市、酒田市、日立市、秩父市、長岡市、小千谷市、糸魚川市、呉市、山口市、飯塚市、五島市、八代市、人吉市、宇佐市	16	−4.2	382	101
III	帯広市、江別市、盛岡市、北上市、仙台市、鶴岡市、会津若松市、石岡市、宇都宮市、草加市、船橋市、柏市、横須賀市、平塚市、新潟市、甲府市、佐久市、氷見市、高山市、瀬戸市、豊田市、四日市市、大津市、長浜市、京都市、堺市、鳥取市、松江市、岡山市、内子町、高知市、北九州市、諫早市、熊本市、鹿児島市、鹿屋市、石垣市	34	0.9	1,529	100
IV	台東区、品川区、世田谷区、杉並区、北区	52	4.2	16,092	117

出所：新島（2015）p.55。

　類型III：大・中規模の地方都市
　類型IV：人口密度が高く昼間人口が多い東京23区

　第2に、商店街タイプの違いである。商店街の規模、構成している店舗の数や業種の違いなどによって、商店街利用者の属性や利用目的が異なる可能性が高い。そこで、中小企業庁の「商店街実態調査」で用いられている基準を参考に、「近隣・地域型」と「広域・超広域型」と分類して、それぞれの特徴のポイントを整理したい[4]。

「近隣・地域型」は、最寄品を中心に取り扱う店舗が比較的多く集積しているため、商圏は比較的狭い。したがって、限定された商圏の特定の顧客に高頻度で利用してもらうことが基本的な課題となる。当然、イベントなどの事業活動も、限定された顧客や地域に向けたものとなる可能性が高い。いわば典型的な「地域コミュニティの担い手」を志向することが目指されやすい。このタイプの商店街は、住宅地域に立地している場合が多い。

　一方「広域・超広域型」は、買い回り品を取り扱う店舗が比較的多く集積している。来街や購入する頻度が比較的低いため、より広域の商圏から不特定多数の顧客を誘引することが重視されやすい。百貨店や量販店などの大型店が立地していることが想定されている。規模が大きく店舗数も多いため、イベントも個々の店舗の販売促進というよりも、商店街やまち全体のイメージを高めて来街者を増やそうとする傾向がある。このタイプの商店街は、当該地域の主要駅周辺や歓楽・ビジネス街などに立地している場合が多い。

　これらの留意事項を確認するだけでも、前述した基本方針の3点目の要件「他の商店街にとって参考となり得る」ことが求められている点を踏まえると、商店街の内部・外部環境によって「参考となり得る」事業の規模や特徴が異なることが予想される。そこで、評価対象の商店街を類型化し、類型ごとに事業実績や成果などを検討するため、表4-2の類型と商店街タイプの2軸を用いて、2016年3月時点で実施期間が終了している事業計画104件を表4-3に整理した。

　なお本稿では、すべての分類について詳細に検討する時間や費用の余裕がないことや、以下の理由から、上記「Ⅱ」の2つのセル（網掛け部分）に対象を限定したい。すなわち、「Ⅱ」の分類に属する市区町村では人口規模が小さく人口減少が進展し、他の分類の地域にある商店街と比較して厳しい事業環境にある場合が多いことが想定される。今後、こうした状況は首都圏などの都心部を除いて全国的に顕在化していく可能性が高いと推測されるため、より疲弊の度合いを強めつつある地域の商店街にとって、地域商店街活性化法はどのような効果があったのかについて検証することが重要であると考えられる。

　分析対象は、表4-4に整理した地域商店街活性化法の認定を受けた商店街である。すなわち、事業期間が終了している104商店街のなかから、とくに人

第4章　分析の方法と対象

表4-3　類型・タイプ別商店街一覧（計104商店街）

	近隣・地域型	広域・超広域型
Ⅰ	発寒北商店街振興組合（札幌市） 石川商店街協同組合（横浜市） 千日前道具屋筋商店街振興組合 （大阪市） 京橋中央商店街振興組合（大阪市）	さいたま北商工協同組合（さいたま市） モトスミ・ブレーメン通り商店街振興組合（川崎市） 川崎大師表参道商業協同組合（川崎市） 栄町商店街振興組合（名古屋市） 柏里本通商店街振興組合（大阪市） 宗右衛門町商店街振興組合（大阪市） 川端中央商店街振興組合（福岡市）
Ⅱ	宮古市末広町商店街振興組合 （宮古市） 大町一番丁商店街振興組合（奥州市） 鹿角市花輪大町商店街振興組合 他 （鹿角市） 毛馬内こもせ商店街協同組合 （鹿角市） もとみや商店街協同組合（本宮市） 三条中央商店街振興組合（三条市） 小千谷市東大通商店街振興組合 （小千谷市） 池田栄町商店街振興組合（池田市） 呉中通商店街振興組合（呉市） 内子まちづくり商店街協同組合 （内子町） 飯塚市本町商店街振興組合（飯塚市） 大川商店街協同組合（大川市） 前原中央商店街協同組合（糸島市） 四日市商店街振興組合（宇佐市） 協同組合人吉商連 他2商店街 （人吉市）	釧路第一商店街振興組合（釧路市） 中島商店会コンソーシアム（室蘭市） 青森新町商店街振興組合（青森市） 田名部駅通り商店街振興組合（むつ市） 秋田市駅前広小路商店街振興組合 （秋田市） 横手駅前商店街振興組合（横手市） 大館市大町商店街振興組合（大館市） 七日町商店街振興組合（山形市） 郡山駅前大通商店街振興組合 他 （郡山市） 仲町商店街振興組合 他2商店街 （喜多方市） ファイトマイタウンひたち協同組合 （日立市） 秩父市商店連盟事業協同組合（秩父市） 長岡市大手通商店街振興組合（長岡市） 湯沢温泉通り事業協同組合（南魚沼郡） 竹原駅前商店街振興組合（竹原市） 山口道場門前商店街振興組合（山口市）
Ⅲ	帯広電信通り商店街振興組合 （帯広市） 北上市本通り商店街振興組合 （北上市） 中町中和会商店街協同組合（酒田市）	盛岡駅前商店街振興組合（盛岡市） クリスロード商店街振興組合（仙台市） サンモール一番町商店街振興組合 （仙台市） 長町駅前商店街振興組合 他（仙台市）

49

	近隣・地域型	広域・超広域型
Ⅲ	石岡市御幸通り商店街振興組合 （石岡市） 習志野台商店街振興組合（船橋市） 岩村田本町商店街振興組合（佐久市） 中込商店会協同組合（佐久市） 藤枝宿上伝馬商店街振興組合 （藤枝市） 氷見市比美町商店街振興組合 （氷見市） 高山安川商店街振興組合（高山市） 銀座通り商店街振興組合（瀬戸市） 西町商店街協同組合（豊田市） 石山商店街振興組合（大津市） 協同組合きのもと北国街道商店街 （長浜市） 御園橋801商店街振興組合（京都市） パレット河原町商店街振興組合 （京都市） 大映通り商店街振興組合（京都市） 深草商店街振興組合（京都市） 鳳本通商店街振興組合（堺市） 泉北桃山台市連マーケット事業協同組合（堺市） 若桜街道商店街振興組合（鳥取市） 松江新大橋商店街振興組合（松江市） 京町銀天街協同組合（北九州市） 八幡中央区商店街協同組合 （北九州市） 熊手銀天街協同組合（北九州市）	酒田駅前商店街振興組合（酒田市） 神明通り商店街振興組合 他 （会津若松市） 宇都宮オリオン通り商店街振興組合 （宇都宮市） わいわいロード商店街振興組合 （草加市） 協同組合柏駅東口中央商店街連合 （柏市） 湘南スターモール商店街振興組合 （平塚市） 万代シテイ商工連合会商店街振興組合 （新潟市） 三笠ビル商店街協同組合（横須賀市） 甲府城南商店街振興組合（甲府市） 四日市諏訪商店街振興組合（四日市市） 銀座通り商店街振興組合（瀬戸市） 四条繁栄会商店街振興組合（京都市） 三条名店街商店街振興組合（京都市） 岡山上之町商業協同組合（岡山市） 中心街事業協同組合（高知市） 諫早市中心市街地商店街協同組合連合会 （諫早市） 健軍商店街振興組合（熊本市） 宇宿商店街振興組合（鹿児島市） 北田大手町商店街振興組合（鹿屋市） 石垣市中央商店街振興組合（石垣市）
Ⅳ	浅草すしや通り商店街振興組合 （台東区） 用賀商店街振興組合（世田谷区） 東深沢商店街振興組合（世田谷区） 浅草西参道商店街振興組合（台東区） 用賀商店街振興組合（世田谷区）	亀戸いきいき事業協同組合（江東区） 大森柳本通り商店街振興組合（大田区） 下北沢一番街商店街振興組合 （世田谷区） 仲見世商店街振興組合（台東区） 高円寺銀座商店会協同組合（杉並区） 商店街振興組合原宿表参道欅会

第4章　分析の方法と対象

	近隣・地域型	広域・超広域型
IV		（渋谷区） 武蔵小山商店街振興組合（品川区） 赤羽スズラン通り商店街振興組合（北区）

出所：新島（2015）p.56. を加筆・修正。

口規模が小さく人口減少率も高い市町村に立地する商店街のうち、連携に基づいた事業活動を明示的に確認できるのは13商店街である。ここからヒアリング調査を実施できた10商店街を調査対象としている。

　なお、地域内連携の特徴に関する議論を先回りして、分析対象の商店街を第3章で設定した分析枠組みに当てはめると、表4-5のようになる。

　ここで改めて、上記の4つの類型について簡単に説明を加えたい。「フォーマル―リジット」タイプは、商店街組織として外部主体と連携している場合が

表4-4　分析対象商店街一覧（10件）※認定日順

商店街 タイプ	都道府県 市区町村	事業者	認定日	事業期間
近隣・ 地域型	福岡県飯塚市	飯塚市本町商店街振興組合	H21. 10. 9	H21. 10～ H26. 3
	広島県呉市	呉中通商店街振興組合	H21. 10. 9	H21. 10～ H26. 3
	熊本県人吉市	きじ馬スタンプ協同組合	H21. 10. 9	H21. 10～ H24. 3
	福岡県大川市	大川商店街協同組合	H22. 3. 31	H22. 4～ H25. 3
	新潟県小千谷市	小千谷市東大通商店街振興組合	H22. 6. 21	H22. 8～ H25. 3
広域・ 超広域型	青森県青森市	青森市新町商店街振興組合	H24. 4. 13	H24. 4～ H27. 3
	山形県山形市	七日町商店街振興組合	H22. 3. 3	H22. 4～ H25. 3
	北海道室蘭市	中島商店会コンソーシアム	H23. 4. 18	H23. 4～ H26. 3
	秋田県秋田市	秋田市駅前広小路商店街振興組合	H24. 4. 13	H24. 4～ H26. 3
	北海道釧路市	釧路第一商店街振興組合	H24. 4. 13	H24. 4～ H27. 3

出所：新島（2016）p. 7 を一部修正。

51

該当する。また、事業計画を策定したときに組んだ連携相手との関係は固定的であり、計画に基づいて事業活動を続けている場合である。本研究のなかでこの類型に該当する商店街は、秋田駅前広小路商店街振興組合と大川商店街協同組合である。

「フォーマル―フレキシブル」タイプは、上記の類型と同様に商店街組織として連携している一方で、計画時には想定していない新たな外部主体ともフレキシブルに連携関係を構築していく場合である。この類型には青森新町商店街振興組合、七日町商店街振興組合、きじ馬スタンプ協同組合の3つが含まれる。なお、七日町商店街振興組合は、第5章で詳述するように、歩行者天国の開催にあたり公民館や美術館などと実行委員会を立ち上げているため、第6章で検討する「インフォーマル―フレキシブル」タイプにも該当するが、現在とくに注力している子育て支援NPOとの連携は組織的に対応していることから、この類型に含んでいる。

「インフォーマル―リジット」タイプは、計画当初、自発的に連携を志向する商店街の限られたメンバーで事業組織を立ち上げて、連携相手との関係を維持しながら事業活動をしている場合である。釧路第一商店街振興組合、小千谷東大通商店街振興組合、呉中通商店街振興組合が該当する。

最後に「インフォーマル―フレキシブル」タイプは、連携を自発的に志向する商店街の有志のメンバーを中心に、外部の組織や個人あるいは地域住民との

表4-5　対象商店街の分類

		連携相手との関係	
		フレキシブル	リジット
接合の 仕方	フォーマル	フォーマル―フレキシブル 青森新町商店街振興組合 七日町商店街振興組合 きじ馬スタンプ協同組合	フォーマル―リジット 秋田駅前大通商店街振興組合 大川商店街協同組合
	インフォーマル	インフォーマル― フレキシブル 飯塚本町商店街振興組合 中島商店会コンソーシアム	インフォーマル―リジット 釧路第一商店街振興組合 小千谷東大通商店街振興組合 呉中通商店街振興組合

第4章　分析の方法と対象

関係を構築している場合である。この類型に含まれる商店街は中島商店会コンソーシアムと飯塚市本町商店街振興組合である。

（2）経済産業省・中小企業庁の表彰事例

　なお、前述のように、上記には地域商店街活性化法を活用していない商店街は対象外であるため、そのなかで地域内連携に基づいて意欲的に事業活動を実施している商店街が含まれていない。

　そこで本研究では、補完的な位置づけとして、上記のほかに中小企業庁中小企業政策審議会商業部会に設置された事例検討小委員会の検討を経て選定・表彰された事例集「がんばる商店街77選」（2006年）、「新・がんばる商店街77選」（2009年）、「がんばる商店街30選」（2014年、2015年）、また、外部有識者による厳正な審査を経て、中小企業庁中小企業政策審議会中小企業経営支援分科会が選定した事例集「はばたく商店街30選」（2016年）のなかから、とくに多様な連携相手とともに積極的に事業活動を展開している商店街を対象として事例分析を行うことにしたい[5]。

　上記を合計した244商店街のうち、地域商店街活性化法の認定を受けている28商店街を除く216商店街を対象とする[6]。さらに、公開されている上記の事例集の冊子のなかで、各事例におけるタイトルのなかやキーワードとして「連携」という用語を用いていて、なおかつ地域内連携が明示的に確認できるのは51商店街である。

　このうちいくつかの商店街において、限られた外部主体との地域内連携ではなく、数多くの外部主体と地域内連携に基づく事業活動を展開している。そのなかでも、とくに多様な相手と連携関係を構築しているのが静岡県浜松市のゆりの木通り商店街である。ゆりの木通り商店街には、建築、アート、デザイン、演劇など、専門性やクリエイティブな感性をもつ多様な人々との繋がりを有しているところに特徴がある。こうしたゆりの木通り商店街の地域内連携の実態と、それが商店街にどのような影響を与えているのかについて、第7章のなかで検討していくことにする。

53

第2節　対象②：住民組織を主体とする商業まちづくり

　以上に加えて、本研究では、もうひとつの問題意識として「コミュニティの担い手」による商業まちづくりに着目している。第1章のなかで、地域商業がとくに衰退傾向にある過疎地域において買い物弱者問題への対応が重要な地域課題として認識されていることを指摘した。これまでも民間事業者やNPOなどが、独自にあるいは行政支援に頼りながら買い物弱者への対応策を実施しているが、必要経費を吸収できるほどの収益を上げられないことがほとんどであるため、なかなか事業が継続しない状況にある。

　こうした状況のなかで、「コミュニティの担い手」である住民組織が、事業活動のひとつとして商業まちづくりに乗り出しはじめている。具体的には、以下で述べる「小規模多機能自治」と呼ばれる仕組みに基づいて整備された住民組織が、民間事業者である小売業者によるコーペラティブ・チェーンなどと連携してミニスーパーを出店する取り組みである。これは、新たな公共的な制度と民間機能を融合させることで、地域の社会課題解決を図りながら、同時に収益事業として継続的な運営を目指す取り組みとして捉えることができる。

　全体として見ると数は限られているものの、地域商業の衰退などで買い物不便に陥ることは、とくに高齢化や過疎化が同時に進行している地域にとって深刻な問題であることから、今後、同様の取り組みはさらに拡がりを見せる可能性がある。

　そこで本節では、以降の議論の前提として、近年、地方自治体による自立的な地域運営を目指す動きが強まりつつあることを確認したうえで、住民組織の法人制度をめぐる動向について概観する。具体的には、その代表的な取り組みとして、島根県雲南市を中心に全国的な展開を見せつつある「小規模多機能自治」について概略的に整理する。

　以上を踏まえて、こうした新しい公共的な制度と民間事業者である小売業者の収益事業を組み合わせて展開しているミニスーパーの取り組みなどを概略的に確認したうえで、分析対象となる事例を選定していくことにする。

第 4 章　分析の方法と対象

1．地方分権改革の変遷

　わが国では、1990年代以降、少子高齢化や財政危機などの社会経済環境の変化に対して、全国一律の対応よりも地域の実情に応じた自治体運営を実現するための制度改革が連綿と推進されてきた。

　地方分権制度が体系的に整備される契機となったのは、村山政権のもとで1995年5月に制定された地方分権推進法である。同法に基づいて、地方分権について審議するための場として地方分権推進委員会が設置された。同委員会は5次にわたる勧告を提出したあと、2001年6月に『最終報告』を政府に提出した。この報告の基本的な考え方は、国と自治体との関係を、「上下・主従」の関係から「対等・協力」の関係へ改めることであった。さらに「住民自治の拡充」として「地域住民による自己決定・自己責任の自由の領域を拡充する方策」が述べられている。そこでは、住民が自ら決定するための仕組みを法制面から整備しつつ、現行制度を充実させることが求められた。

　1999年7月には地方分権一括法が施行され、国と地方の役割の明確化、機関委任事務制度の廃止、国の関与のルール化などが図られた。同法では、各地方公共団体は自らの判断と責任により、地域の実情に沿った行政を展開していくことが目指されている。

　本研究に関連する事項として注目すべきことは、こうした地方分権一括法や三位一体の改革を踏まえて公表された、内閣府地方制度調査会による第27次答申「今後の地方制度のあり方に関する中間報告」である。当時、いわゆる「平成の大合併」が推進されていたなかで、総務省を中心に広域行政の必要性が喧伝されていた。しかし、財政コストの削減、その一環である公共施設の一体的な整備や相互利用、地方行政の人員整理などによって、一律公平の行政支援が困難な状況が生まれた結果、一部の地域住民が公共サービスを享受しにくい状態に陥るなどの問題が顕在化しはじめていた。

　そうした状況を受けて、第27次答申では、基礎自治体内の一定の区域を単位として、住民自治の強化や行政と住民との協働の推進などを目的とする組織である「地域自治組織」が提案されている。これを受けて、2005年の改正地方自治法のなかで、「地域自治区」が法制化されたわけであるが、その内容や課題

55

については次項で詳述する。

2006年12月、第1次安倍政権のもとで地方分権改革推進法が成立することで、地方分権改革は次の段階に移行した（柴田2012）。地方分権改革推進法は、地方分権改革推進の基本理念や地方自治体と国の双方の責務、施策の基本的事項などをまとめたうえで、その実現に向けた体制を整備するものである。その体制構築のひとつとして、2007年4月に地方分権改革推進委員会が設置された。同委員会が調査・審議を経て内閣総理大臣に勧告すると、政府が地方分権改革推進計画を策定するという仕組みが用意された。この計画を受けて、2011年4月、関係する42の法律を再整備する第一次一括法が施行された。なお、2014年には第四次一括法が成立している。

地方分権改革推進委員会の一部の機能は、民主党による政権交代を経た2009年11月、当時の鳩山政権が設置した地域主権戦略会議に代置されることになる。そのなかで、官だけでは実行できない領域を市民・NPO・企業等の民間部門と協働で担う仕組みや体制を重要視する「新しい公共」（new public）という考え方が注目されたことは記憶に新しいところである。

そして近年、社会的に脚光を浴びたのが、第2次安倍政権において打ち出された、いわゆる「地方創生」である。2014年11月、地方創生に関する法整備として、まち・ひと・しごと創生法、改正地域再生法が施行された。なお、地方創生とは、東京一極集中を是正し、地方の人口減少に歯止めをかけ、日本全体の活力を上げることを目的とした一連の政策のことを指す[7]。具体的な施策としては、各地域の人口動向や将来の人口推計（地方人口ビジョン）、産業の実態や国の総合戦略などを踏まえた、地方自治体による「地方版総合戦略」の策定と実施に対して、国による情報・人材・財政の各種支援が行われている。

また、地方自治体それぞれの地方版総合戦略に基づいた、地方の自立性や官民連動を要件とした先駆性のある事業に交付金が付けられている。2014年度の補正予算においては、「地方創生先行型交付金」、「地域消費喚起・生活支援型交付金」として、それぞれ1,700億円、2,500億円が地方自治体などに配分された。前者は観光振興や産業振興、人材育成・確保などの事業に、後者はプレミアム付き商品券や、ふるさと名物商品・旅行券、多子世帯等支援策などに使用されている。さらに2015年度の補正予算では「地方創生加速化交付金」として

第 4 章　分析の方法と対象

1,000億円が計上された[8]。

2．住民組織の法人制度をめぐる動向

（1）住民と地方自治体との関係

　上記のような地方分権改革の流れや地方自治体の財政逼迫という状況のなかで、地方公共団体による団体自治から住民による住民自治へという機運が高まりつつある。それでは、そもそも住民と地方自治体との関係は法制度的にどのように位置づけられているのだろうか。

　地方自治論の一般的な教科書などで指摘されているように、「住民」は次のような3つの側面から理解することができる。すなわち、第1は、参政権をもつ自治体を統制する主体としての住民（市民）、第2は、対象自治体から公共サービスを受けたり、規制・負担・服従を求められたりする利害関係者としての住民（対象住民）、そして第3は、公共サービスの提供を担う住民（公務住民）という側面である（金井2004; 辻中他2009; 柴田・松井2012; 武岡2014など）。

　金井（2004）によれば、上記のような諸側面を持つ住民の活動は、住民運動や住民参加など対象住民としての住民活動と、公務住民としての色彩が強い住民活動に区分できるという（金井2004, p.228）。後者の公務住民としての活動主体は、自治会や町内会（以下では総称して「自治会[9]」と表記）が担う場合が多い。

　たとえば、家庭ごみの収集について考えてみたい。一般的に、家庭ごみの収集や処分は市町村の業務である。しかし、数多くのごみステーションを市町村が一つひとつ管理することは困難であるため、自治会などの住民組織が管理している場合が多い。マンションなどの集合住宅では管理組合が主体となっている場合がほとんどである。そのほかにも、高齢者の見守り、街灯の管理、自治体広報誌の戸別配布などの幅広い活動は自治会が担う場合が多い。

　自治会は、地方自治法第260条により「地縁による団体」であり「地域の自主的活動」を担う住民組織として規定されている。武岡（2014）によれば、自治会には次のような5つの特徴があるという。すなわち、①加入単位が世帯であること、②領土のようにある地域空間を占拠し、地域内にひとつしかないこと、③特定地域の全世帯の加入を前提にしていること、④地域生活に必要なあ

57

らゆる活動を引き受けていること、⑤市町村などの行政の末端機関としての役割を担っていることである。これらは地方自治体の特徴に相似していることから、自治会は市町村などの行政の末端機関としての役割を果たす「準自治体」とされることもある。そのため、自治会は地方自治体と最も関係が深い住民組織として位置づけられるというのである（武岡2014, p.37）。

　しかし、昨今、自治会の衰退ないしは崩壊が全国的に顕在化している[10]。すなわち、個人主義が進んだことにより地域社会への関心が薄れるなどして、自治会への加入率が低下している。それにより、自治会活動の担い手が不足・固定化したり、活動がマンネリ化したりするなど、自治会そのものが形骸化していることが多い。こうした傾向は、住民の転入出が激しい都市部のような地域で見受けられるとともに、過疎化と高齢化が同時に進行している山間部や限界集落ではより深刻な事態にある。

　そのため、これまで自治会に委託してきた業務を、民間企業などへの委託に変更する自治体も増えている。地域によっては、自治会に加入していない住民が、自治会の提供するサービスに「ただ乗り」することをめぐり、住民同士の係争が起きているところもあるという。「地域の自主的活動」の担い手として、行政の末端機関に位置づけられてきた自治会制度が、時代の変遷とともに大きな岐路に立たされつつあるといえるのかもしれない。

（2）コミュニティの法人制度

　従来から、住民自治を担う住民組織は、地方自治法をはじめとする様々な法律に基づいて制度化されている。ここで、そのなかで先駆的な制度のひとつとして、前述した地域自治区制度について簡単に確認する。

　平成の大合併による行政広域化などに対応するため、2005年の改正地方自治法により地域自治区制度が整備されたことは既に述べた通りである。この制度の意義は、財産管理の目的以外で住民組織が最初に明示的に位置づけられた点にあるといわれている（武岡2014, p.44）。すなわち、住民組織は、従来から地方自治法により財政区や後述する認可地縁団体という法人格を取得することができたが、いずれも財産管理を目的とする制度である。地域自治組織は、地域コミュニティの課題解決に取り組む活動主体としてはじめて制度化されたこと

第4章　分析の方法と対象

になるのである。

　しかし、地方自治区制度は市町村合併の特例措置の延長線上にあるもので、時限的な仕組みであることが法律に明記されている。さらに、市町村が地域自治区制度を導入する場合、全域かつ合併前の旧市町村を最小単位に設置することを求められていたため、これらの制約が大きな障壁として存在していた。

　このほかにも、主要な法人制度としてNPOや認可地縁団体などが挙げられるが、まずNPOについては次のような課題が指摘されている。それは①「不特定かつ多数のものの利益の増進に寄与すること」を目的としているため、地縁に基づく地域住民のみが利益を享受する（特定の団体の利益が目的である）ことには適さない、②制度上、誰でも議決権をもつ会員になれるため、地域外の住民に支配される可能性があり、地域住民主導でまちづくりに取り組もうとする姿勢に相反すること、③あくまでも本来の目的である「特定非営利活動に関する事業」が中心で、「そのほかの事業（収益事業）」は特定非営利活動に関する事業の補完的な位置づけでなければならないため、NPO全体の50％以上の規模で収益事業を実施できないことから、経済活動が制約されて持続的な活動の障壁になることなどである[11]。

　一方、認可地縁団体であるが、そもそも認可地縁団体とは、自治会のような「地域社会全般の維持や形成」を目的とした団体・組織のうち、地方自治法などに定められた要件を満たし、行政手続きを経て法人格を得た団体を指している。自治会は基本的に法人格を有していないため、たとえば町内会が自治会館などの不動産を所有する際は、代表者の個人名義や役員の共有名義で登記が行われていた。そのため、相続や債権者による不動産差し押さえなどの問題が散見されていた。

　こうした問題を解消するため、1991年4月に制定された改正地方自治法により法的に整備されたのが認可地縁団体である。すなわち「町又は字の区域そのほか市町村内の一定の区域に住所を有する者の地縁に基づいて形成された団体（地縁による団体）は、地域的な共同活動のための不動産又は不動産に関する権利等を保有するため市町村長の認可を受けたときは、その規約に定める目的の範囲内において、権利義務の帰属主体となることができる」ようになった[12]。

59

また、認可の条件として、①その区域の住民相互の連絡、環境の整備、集会施設の維持管理など、良好な地域社会の維持及び形成に資する地域的な共同活動を行うことを目的とし、現にその活動を行っていると認められること、②その区域が客観的に明らかなものとして定められていること、③その区域に住所を有するすべての個人が構成員となることができるものとし、その相当数の者が現に構成員となっていること、④規約を定めていること、の4点が規定されている。さらに、正当な理由がない限り、その区域に住所を有する個人の加入を拒んではならないという規定も設けられている[13]。

　一方で、次のような制度上の課題も指摘されている[14]。上で述べたような自治会の課題に対して、財産管理の問題を解消するために制度化されているため、事業運営に関する想定はなされていない。営利目的の収益事業を行う場合、固定資産税や法人税の納税義務が生じる。また、制度上、ある事業の収益を別の公共的活動の原資に充当することができない。たとえば、温泉施設や公園などを管理する認可地縁団体が、それぞれで会計を処理して法人税や消費税を納める一方で、そこで上げた収益を車両購入やその維持管理などに充てることができない。こうした制度上の制約が、認可地縁団体の自主財源確保の阻害要因として働いているのである。さらに、認可地縁団体は、公共的な性質をもつ組織であるが、公益法人やNPO法人のように寄付控除の対象ではない。そのため、ほかの団体と比べて寄付金による財源確保がしにくい立場に置かれている。

　以上のような諸課題と向き合いながら、地方自治組織、NPOや認可地縁団体をはじめとする既存の法人制度を活用しつつ、場合によっては既存の組織が連携することで社会課題に対応してきた。

　他方で、近年、既存の法人組織の枠組みによらず、地方自治体が条例などで独自の住民組織を規定する動きが見られはじめている。後述するように、島根県雲南市、三重県伊賀市と名張市、兵庫県朝来市の4市において、くしくも同じ時期に独自の制度に基づく住民組織が整備されていた。そして、上記の4市が中心となり、お互いの制度について検討しながら全国的な普及を目指す動きが加速していくなかで、「小規模多機能自治」に展開していくことになるのである[15]。

第4章　分析の方法と対象

　ここでは、そのなかでも中心的な役割を果たしている雲南市の「地域自主組織」制度に焦点を合わせて、その実態について検討していく。第1章のなかで述べたように、小規模多機能自治による事業活動のひとつとして、商業まちづくりに乗り出すケースが見られはじめており、その先駆的な取り組みが雲南市の地域自主組織制度のもとで実施されているためである。具体的には第8章で後述するが、「コミュニティの担い手」としての地域自主組織が、コーペラティブ・チェーンである全日本食品（以下、「全日食チェーン」と表記）と連携することにより、地域商業の核となるミニスーパーを運営する新しい試みが展開されている。この試みは、小規模多機能自治という新たな公共的な制度に基づきながら、従来の買い物弱者対策のように行政補助に頼るだけではなく、民間事業者が事業の収益性を確保して持続的な運営を目指しているところに大きな特徴があるといえる。

　以上の趣旨を念頭に置きながら、項目を改めて、小規模多機能自治の概要や設立の経緯について整理する。ただし、その過程で概観することになる地域自主組織については、第8章で詳述するため、本章では必要最小限の記述に留めることにする。

（3）地方自治体による独自の法人制度：小規模多機能自治としての展開

　雲南市は、加茂町、大東町、三刀屋町、木次町、掛合町、吉田町の6町が合併して2004年に誕生した市である。なお、新市の名称として採用された「雲南」は、当該地域の一部が、出雲国の南部という意味で「雲南」地区と呼ばれる県域を構成していたことに由来している。

　町合併に向けた合同協議が開始された2002年以降、合併後の新市の地方自治のあり方が検討されてきた[16]。しかし、2004年、雲南市は合併直後に深刻な財源不足に陥り、2005年に「財政非常事態宣言」が出され、市の職員を2割削減した。将来的に人員も財源も増える見込みがない一方で、急激な少子高齢化が進むことにより、市内の隅々まで行政サービスを行き渡らせることが難しくなりつつあった。

　そのような状況のなかで、先の合同会議では、行財政改革とともに住民自治の進展のために「まちづくりやコミュニティ活動の活性化による住民自治の充

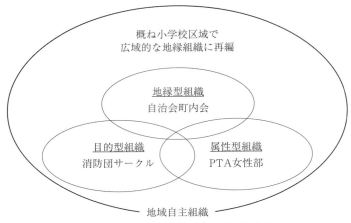

図4-2 雲南市の地域自主組織の概念図
出所：雲南市（2016）「小規模多機能自治による住民主体のまちづくり」から抜粋。

実強化」の必要性が指摘された。これを受けて、6町村の職員と合併協議会事務局による「コミュニティ・住民自治プロジェクトチーム」が結成され、議論が進められた。その結果、今後も確実に経験していく人口減少や高齢化による集落機能の低下に対応するために、雲南市独自の住民組織制度として、「集落機能を補完する新たな自治組織の確立」と「地域主体的に組織が構築されていくための環境づくり」を目指して構想されたのが地域自主組織である。

　地域自主組織は、「自治会や町内会などの地縁型組織、消防団や営農組織などの目的型組織、PTAや女性グループなどの属性型組織を、概ね小学校単位で再編した広域的で多機能な地縁組織」と定義され、市内の各地域が抱えるそれぞれの課題を、住民自治により解決していくことが目指されている（図4-2）。地域自主組織は、雲南市が国からの借入金を活動資金として交付され、それを元手に行政サービスの一部を担っている。なお、その過程で、2008年に「雲南市まちづくり基本条例」が施行され、地域自主組織制度の規定根拠も整備された[17]。

　上述したように、こうした地方自治体による住民組織の制度化は、ほぼ同じ時期に三重県伊賀市でも進められていた。伊賀市は、2004年、独自の制度である「住民自治協議会」を設立し、その根拠規定として「伊賀市自治基本条例」

第4章　分析の方法と対象

を制定している。その際、伊賀市は雲南市の地域自主組織を視察して参考にしたという。また、雲南市は伊賀市の視察を受け入れたとき、三重県名張市でも「地域づくり組織」という同じような制度を導入していることを紹介されると、雲南市の担当職員が名張市を訪問した。すると、さらに兵庫県朝来市で同じような制度として「地域自治協議会」という仕組みが導入されていることを知り、住民組織に関する相互的な情報共有をはじめていくわけである。

　ごく簡単に述べてきたが、以上のような経緯で、雲南市を中心に4市が接点をもつことになる。これらの自治体は、もともと小規模多機能自治の基盤となる制度または組織が準備されていたという共通がある。これまでの国が主導権を握り整備してきた流れとは異なり、ボトムアップで制度が生まれてきたのである。これ以降、雲南市を中心とする共同会議を通じて、コミュニティに関する制度や法人格について議論を重ねた。この延長線上の展開として、2013年には雲南市を事務局とする「雲南市に地域自治を学ぶ会」（以下、「雲南ゼミ」と表記）が発足した。雲南ゼミは、小規模多機能自治の課題を共有・検討しながら、全国的に普及させることを目的とする会合で、全国各地の地方自治体やNPOが参加して、毎年春と秋の年2回開催されている。主な内容は、勉強会や事例発表会あるいは現地訪問で、参加している地域同士が学び合う場としての役割を果たしているという。

　その結果、2014年、全国142自治体が加入する全国的な組織である「小規模多機能自治推進ネットワーク協議会」が設立された。同協議会では、住民自治の進展が重要であることを念頭に置いて、重点施策のひとつとして「まちづくりやコミュニティ活動の活性化による住民自治の充実強化」を挙げ、「住民自主活動やまちづくり活動と自治体との共同システムを構築することが重要である」とした。現在、約210の地方自治体やNPOが加盟している。具体的な活動内容としては、メーリングリストや地方ごとのブロック会議などによる情報共有が行われている[18]。

3．多様な運営方式による小売業者との連携

　上記のように、近年、全国各地で住民自治を志向する地域運営組織が設置されつつある。現在全国に1,600以上の住民組織があると言われており、政府は

今後4年間で3,000まで増やすことを目標に掲げている。

　全国市区町村における住民組織の設置・運営状況を調査した一般社団法人JC総研のレポート[19]によれば、353自治体（27.3％）が何らかの組織を有しており、そのほとんどが地方自治法や合併特例法によらない組織であった（①「地域自治区・合併特例区のみを設置」しているのは19自治体、②「（地域自治区・合併特例区以外の）地域運営組織のみを設置」しているのは334自治体、①と②ともに設置しているのは19自治体）。日本都市センター（2014）によれば、協議会型組織がある自治体の割合は48.6％であり、およそ半数の回答自治体で導入されていることが明らかになっている[20]。導入している自治体のうち、すでに全域で設立されている自治体は48.5％で、現在は区域の一部に設立していて、全域に拡大する予定がある自治体を含めると70％以上にのぼる。担い手となる主体の確保の問題が捨象されているため鵜呑みにはできないが、全国的に同様の制度が拡大していく機運が醸成されていることがうかがえるだろう。

　このように、住民自治のための組織が整備されつつあるなかで、小売業者などと連携しながら商業まちづくりに取り組むケースは現在のところ限られている。たとえば2015年から秋田県内で展開されている「お互いさまスーパー」が挙げられる[21]。秋田県企画振興部地域活力創造課が県内すべての自治会を対象にアンケート調査を実施したところ、県内自治会の8割を占める100世帯未満の自治会のうち、「買い物・通院の困難化」を課題としている自治会が5割弱あり、そのうち4割の自治会が「地域で対応を考えている」または「行政の対応・支援を期待」と回答したという。

　そこで秋田県は、2015年度に「お互いさまスーパー創設事業」を実施した。この事業では、地域団体により食料品・日用品などを取り扱う店舗を持続的に運営することで、買い物課題の解決、住民自治や共助に対する意識の醸成、見守り機能の強化などが目指されている。主な支援内容は、スーパー開設にかかる初期費用のうち上限800万円までを補助するもので、運営組織の設立、関係団体間のネットワーク構築と調整、既存スーパーとの日用品調達に関する調整などが想定されている。なお、この事業は国の地方創生先行型交付金を原資としている。

第4章　分析の方法と対象

　当事業の公募に対して、由利本荘市赤田、五城目町浅見内、羽後町仙道の3地区から応募があり、2016年3月13日、1号店として羽後町仙道地区の食料品店「仙道てんぽ」が開店した。現在、仙道てんぽが地区内唯一の食料品店である。

　羽後町仙道地区は中山間地域にあり、370世帯のおよそ1,100人が暮らしている。もともと同地区には「JAこまち仙道支所購買部」が出店していたが、2003年に購買部が廃止された。このような状況を受けて、日用品を取り扱う商店が地域から無くなることに危機感を抱いた地域住民の有志と元JA職員が、周辺地域の20集落などで構成する「仙道地区振興会」を設立し、出資金を募ることでJAから建物を借り受けて仙道てんぽの経営を受け継いだ。さらに2007年には運営委員会のメンバーを中心に株式会社「仙道てんぽ」を設立して経営を続けてきていた。

　その後、2015年に「お互いさまスーパー創設事業」に採択され、仙道てんぽをリニューアルしたのである。秋田県から計800万円の補助を受けて、主に施設改修費用に充填した。店舗面積は約90m²で、現在の取扱商品は生鮮食品や雑貨など約500品目である。さらに、地元産のキャベツや白菜などを販売する産直コーナーや住民同士が交流しやすいよう休憩コーナー「おひさまサロン」も整備した。

　また、2号店として五城目町浅見内地区で「みせっこあさみない」が2015年3月30日に開店した。この店舗は地域住民で構成する「浅見内活性化委員会」が運営し、地元に住む60〜80代の女性12人がボランティアとして交代しながら店番を務めている。店舗面積は約80m²で、主な取扱商品は食料品や日用品を中心とする最寄り品である。また住民の憩いの場として、軽食を提供するフードコーナーも併設されている。

　さらに同じ日に3号店「赤田ふれあいスーパー」が由利本荘市赤田に開店した。運営主体は、上で見てきた2つの地域と同様、地域住民で構成する「赤田地域運営協議会」である。商品仕入れは支援協定を締結した「JA秋田しんせいサービス」が担当している。この店舗の売場面積は約20m²で、住民へのアンケート調査から、取扱いの要望が多かった食品や日用雑貨品など約200商品を選択し、そのうち常時100商品を陳列販売している。また、「赤田ふれあい直

65

売所」を併設し、地域住民が栽培した野菜や加工品、手芸品なども販売している。

　以上のような住民組織による店舗運営を行政が支援する場合のほかに、地方自治体が第3セクターを立ち上げて店舗を運営するケースもある。2016年7月に東京都檜原村で開設されたミニスーパー「かあべえ屋」である[22]。

　檜原村は東京都心から約50キロ離れた山あいに位置している。檜原村の人口2,312人、高齢化率は47.9％である。かつて村内には、雑貨店などが約50店あったが、現在は10店ほどに減少している。村の調査によると、車で移動できる村民は約10キロ離れた村外のスーパーに出掛け、足が不自由な高齢者は、民間企業の移動販売や宅配サービスに頼らざるを得ないなど、多くの住民が日常的な買い物に対して不便さを感じていたという。

　これまでは、行政として積極的に買い物弱者支援を行えば地元商店の経営を圧迫しかねないことから、本格的な対策を自重していた。しかし、上記の調査結果などを受けて檜原村と地元商店などで協議を重ねた結果、民間企業のコンビニや食品スーパーを誘致することで一致したという。しかし、採算が合わない可能性が高いとして出店を見送られることが続いたようである。そこで、後述する第3セクター「めるか檜原」を指定管理者として、かあべえ屋の開店に踏み切ることになるのである。東京都檜原村でかあべえ屋が開店した。

　かあべえ屋は、野菜や肉などの生鮮食品や日用品、土産物として地場産の特産品など約600種類の商品を販売している。商品仕入れは全日食チェーンの支援を受けている。さらに、購入した食品を飲食できるスペースも店内で設けることで、足腰が弱い高齢者などがバスの待ち時間を過ごせるよう配慮している。開店以降、毎日約200人以上が利用しているという。

　なお、指定管理者として運営を担う第3セクター「めるか檜原」は2016年4月5日に設立された。当初の出資金は9,600万円で、そのうち檜原村は99％にあたる9,500万円、残り100万円は「JAあきがわ」などの5団体が20万円ずつ出資している。7月からはこれまで檜原村が東京都森林組合に委託していたごみ収集業務も受託している。当面は赤字経営が予想されるため、第3セクターのほかの事業収益と組み合わせで収益を補う計画であるという[23]。

　本論文では、こうした住民組織が主体となる商業まちづくりの先駆的な事例

第 4 章　分析の方法と対象

として、本章で整理してきた小規模多機能自治により結成された雲南市の地域
自主組織が取り組んでいる、全日食チェーンとの連携によるミニスーパーの開
設を対象として、第 8 章のなかで事例分析を展開する。

1）　認定申請書には、事業計画が地域住民のニーズに応じたものであることを示すため、ア
　　ンケート調査結果を引用する必要がある。しかし、アンケートの実施に携わった商店街関
　　係者の話を聞く限り、調査対象のサンプリングや質問票の設計においてバイアスが生じて
　　いる場合が少なくないため、調査結果の一般性は決して高いとはいえない。また本論文
　　は、地域商店街活性化法の評価について論じるものではない。この点は機会を改めて検討
　　したい。
2）　詳細は株式会社全国商店街支援センターのウェブサイトを参照されたい。
3）　事業内容の分類については、中小企業庁「活力補助金を活用した商店街活性化事例集」
　　の事業分類をもとに修正したものを用いている。URL:http://www.chusho.meti.go.jp/
　　s-hogyo/shogyo/2013/130828jirei.pdf（最終閲覧日：平成 28 年 7 月 24 日）
4）　以下の商店街タイプごとの事業の特徴については、石原・石井（1992）pp.26-29 を参照。
5）　なお、それぞれで選定された事例は、時代背景などを考慮しながら、次のような観点か
　　ら選定されている。すなわち「がんばる商店街 77 選」および「新・がんばる商店街 77 選」
　　は、「商店街や地域に特色のある取り組みで、実際に商店街やまちのにぎわいにつながっ
　　ているものや、特に独自性のある取り組み」の事例である。「がんばる商店街 30 選」は、
　　「革新的な製品開発やサービス創造、地域貢献・地域経済の活性化等、様々な分野で活躍
　　している商店街の取組」の事例である。「はばたく商店街 30 選」は、「地域の特性・ニーズ
　　を把握し創意工夫を凝らした取組により、地域コミュニティの担い手として商店街の活性
　　化や地域の発展に貢献している商店街」の事例である。
6）　近隣の商店街を含めて選定されている地域もあるが（例：「○○市内商店街」など）、こ
　　こでは便宜的に 1 事例 1 商店街としてカウントすることにする。なお、そのなかに含まれ
　　る商店街が地域商店街活性化法の認定を受けていたとしても、対象からは除外していない。
7）　まち・ひと・しごと創生本部ウェブサイトによる。URL:http://www.kantei.go.jp/jp-/
　　singi/sousei/info/）。（最終閲覧日：2016 年 9 月 2 日）
8）　2016 年 3 月に内閣府地方創生推進室が公表した「地方創生加速化交付金の交付対象事業
　　における特徴的な取組事例」において、事業内容やその成果などの実態について確認する
　　ことができる。URL:http://www.kantei.go.jp/jp/singi/sousei/pdf/h-27-kasokuka.pdf（最
　　終閲覧日：2016 年 9 月 2 日）
9）　本論文では、自治会を「一定範囲の地域（近隣地域）の居住者からなり、その地域にか
　　かわる多様な活動を行う組織」（Pekkanen 2006, 2009）と理解しながら議論を進める。
10）　こうした問題は、近年、NHK のドキュメンタリー番組や各種報道でも頻繁に取り上げ
　　られている。なお、現場特有の事情などについては、たとえば、自身の町内会長としての

67

体験談を取り上げている以下が参考になる。紙屋高雪（2014）『"町内会"は義務ですか？〜コミュニティーと自由の実践〜』小学館新書。

11) 伊賀市・名張市・朝来市・雲南市（2014）。

12) 地方自治法第260条の2第1項。

13) 地方自治法第260条の2第7項。

14) 武岡（2014）p.44。また、後述する島根県雲南市のヒアリング調査においても、市の担当者から同様の課題が挙げられていた。

15) すぐ後で詳述するが、全国的に似たような仕組みが様々な名称を用いて展開されている。これを総称して、総務省では「地域運営組織」という名称が使われることもあるが、雲南市によれば、小規模多機能自治も同様の趣旨で用いられているという。

16) 詳しい経緯や内容については、雲南市（2001）『コミュニティ・住民自治プロジェクト報告書』、雲南市（2002）『新市建設計画』として取りまとめられている。

17) 「まちづくりの原点は、主役である市民が、自らの責任により、主体的に関わることです。ここに、市民、議会及び行政がともにこの理念を共有し、協働のまちづくりをすすめるため、雲南市まちづくり基本条例を制定します」（条例前文より抜粋）。「この条例は、雲南市におけるまちづくりの基本理念を明らかにするとともに、その基本となる事項を定め、協働におけるまちづくりをすすめることを目的とします。」（第1条より抜粋）

18) そのなかで、「小規模ながらも様々な機能をもった自治の仕組み」（小規模多機能自治）として新たな法人制度「スーパーコミュニティ法人」を提案している。詳細は、伊賀市・名張市・朝来市・雲南市（2014）『小規模多機能自治組織の法人格取得方策に関する共同研究報告書』として公表されている。なお、内閣府において有識者会議が発足し、小規模多機能自治による持続的な体制の確立に向けて、論点整理や課題の抽出を行っているところである。

19) 全市区町村アンケートによる地域運営組織の設置・運営状況に関する全国的傾向の把握」が2013年に公開されている。調査対象は当時の全市区町村である1742市区町村、回答数は1294（回答率74.3％）である。

20) 調査対象は全国の都市自治体812団体（789市、23特別区）、回答数は504（回答率61.2％）である。

21) お互いさまスーパーに関する以下の記述内容は、次の参考資料に基づいている。「毎日新聞」2016年4月16日付地方版、「河北新報オンラインニュース」2016年3月14日付、28日付、「JA秋田ニュース」2016年3月30日付。

22) マイクロスーパー「かあべえ屋」に関する以下の記述は、「東京新聞」2016年6月2日付、「公明新聞」2016年7月21日付による。

23) ここで挙げた秋田県と東京都檜原村の事例についても、追加調査をしたうえで、機会を改めて取りまとめる予定である。

第5章　組織的連携に基づく商店街活動の特徴

　本章では、第4章で選定した商店街を対象に事例分析を行う。第3章で設定した研究課題について検討するために、地域内連携の特徴を整理して類型化した分析枠組みに基づいて、商店街組織として連携するという共通する観点から「フォーマル―リジット」タイプと「フォーマル―フレキシブル」タイプに該当する5つの事例について検討する。

　まず第1節で扱う事例は、前者のタイプに該当する秋田市駅前広小路商店街振興組合、大川商店街協同組合である。これらの商店街は、商店街組織として、事業を計画した段階で組んだ連携相手との固定的な関係のもとで事業活動を実施している。

　次の第2節では、後者のタイプに含まれる青森新町商店街振興組合、七日町商店街振興組合、きじ馬スタンプ協同組合の事例について検討する。この類型に該当する商店街の地域内連携の特徴は、商店街組織が主導しながら、当初は想定していない新たな外部主体とも柔軟に連携関係を構築している点にある。

　このような地域内連携の特徴に焦点を合わせて、各商店街がどのような地域課題に対応して、どのような事業活動を実施してきたのか、その経緯や具体的な内容を中心に検討する。それぞれについて要点を整理しながら、必要に応じて歴史的または地域的な背景についても説明する。こうして地域内連携の実態を明らかにしたうえで、それと成果との関連や連携関係を支える要因について考察していきたい。

第1節 「フォーマル―リジット」タイプ

1. 秋田市駅前大通商店街振興組合（秋田市）

（1）秋田市と市内小売業の概況

　秋田市は日本海に面した秋田県西部に位置しており、人口約32万人の県庁所在地である。JR秋田駅の西側に形成されている中心市街地一帯の構造は、江戸時代初期に築城された久保田城とその城下町を起源としており、今も城跡や外堀が残されている。旧羽州街道沿いには、明治から大正期に建てられた商家などの建築が点在しており、同市の中心市街地は歴史的な景観が併存している地域である。

　わが国が高度経済成長期に突入した1950年代後半、中心市街地に立地していた秋田県庁や秋田市役所、国の出先機関が郊外に計画的に整備された公官庁団地に転出すると、その跡地に百貨店などの大型店が出店した。さらに、1960年代から70年代中頃にかけて行われた秋田駅周辺の土地区画整理事業や市街地再開発事業などを契機として、公共・民間部門からの投資が長期的に蓄積されることで、秋田市は商業の中核的役割を担う地方都市として発展してきた。

　しかし、日米構造問題協議を直接的な契機とする大店法の規制緩和[1]に向けた流れのなかで、全国各地で郊外開発が進められた。これとバブル崩壊や長期的な景気低迷の影響を一部の要因として、とくに地方都市の中心部に立地している多くの百貨店や総合量販店などの大型店の業績が大幅に悪化した。

　秋田市中心市街地に立地している大型店の多くについても、同様の傾向が続いていくことになる。すなわち、まず中心市街地に立地していた百貨店「長崎屋」が1986年に郊外に転出した。また1993年には、秋田市南部の郊外に整備された御所野ニュータウンに「イオン秋田ショッピングセンター」（現イオンモール秋田）が開設した。その後の10年間で、10店舗を超える郊外型ショッピングセンターや専門店チェーンをはじめとする大型店がバイパス沿いやロードサイドに進出している。

　こうして中心市街地と郊外を含めた小売業者間の競争が激化した結果、秋田

第5章　組織的連携に基づく商店街活動の特徴

市中心市街地に立地していた大型店は、実質的な倒産あるいは小売企業の経営再建の一環として、相次いで閉鎖・撤退を余儀なくされた。この発端となる動向として、1991年に「セントラルデパート」が、1994年に「マルサンショッピングセンター」が撤退した。現在は、前者の跡地には平面駐車場が整備され、後者の施設はホテルとして再利用されている。また2002年には、駅前に立地していた「ダイエー」が業績不振のため閉鎖され、現在は跡地に秋田市中央公民館が移転してきている[2]。

さらに、高度経済成長期から県内でも中心的な地位を占めていた老舗百貨店の「木内百貨店」が、売場縮小や営業時間短縮などを経て、現在は事実上閉鎖している状態にある。そして2009年から2年連続で「三越」と「イトーヨーカ堂」が不採算店舗として経営判断されて閉鎖するなど、百貨店や総合量販店、あるいは中小小売商や彼らを中心に構成される商店街は非常に厳しい競争環境に直面している。

ここで、直近の秋田市全体の小売業の推移について表5-1で概括的に確認すると、2002年以降の12年間で事業所数が約7割まで減少していることがわかる。また、市内における大型店の出店状況を図5-1で見ると、店舗数は2009年をピークにほぼ横ばい傾向にある。

なお、秋田市は、中心市街地活性化基本計画が旧法の中心市街地活性化法の認定を受けている。同計画に基づいて実施された再開発事業などにより、これまで、秋田駅東側に複合施設「アルヴェ」、駅西側には市立中央図書館、秋田総合生活文化会館や美術館が入る「アトリオン」や高層マンションなどが整備されてきている。

表5-1　秋田市の小売構造の変化（2002年〜2014年）

年	事業所数（店）	従業者数（人）	販売額（百万円）	売場面積（㎡）
2002年	3,451	21,830	378,635	449,538
2004年	3,346	21,997	374,044	447,210
2007年	3,198	22,010	376,659	465,984
2014年	2,184	17,029	342,438	402,748

出所：経済産業省「商業統計」各年版をもとに作成。

71

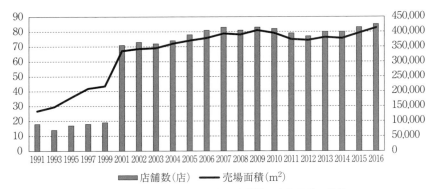

図5-1　秋田市内の大型店の店舗数と売場面積の推移
注：大店立地法改正前は売場面積3,000m²以上（第1種）、改正後は1,000m²以上の店舗が対象。
出所：「全国大型小売店総覧」東洋経済新報社、各年版をもとに作成。

　その後、2008年には第2期中心市街地活性化基本計画も改正中心市街地活性化法の認定を受けている。その中核事業のひとつとして、秋田駅西側の中通地区において、秋田赤十字病院が郊外移転して生じた空閑地を再開発して「エリアなかいち」が整備された。エリアなかいちは、公共広場や商業施設（1・2階）と公共立体駐車場（3～5階・屋上）が一体化した施設、秋田県立美術館、秋田市にぎわい交流館「AU」、ケアハウスを併設した高齢者向けマンションなどがある。このうち商業施設には、地元資本「秋田まるごと市場」が運営する「サン・マルシェ」が核店舗として入店していたが、業績不振により2014年に撤退した。現在は直営の売り場からテナントに切り替えて、飲食店や土産物店を中心とするテナント構成で営業している。

(2) 秋田市駅前広小路商店街振興組合の概要
　秋田市の中心市街地には6つの商店街がある。そのうち4つ（駅前広小路商店街、広小路商店街、通町商店街、大町商店街）は振興組合で、残り2つ（仲小路振興会、川反外町振興会）は任意団体である[3]。
　本項の対象である秋田市駅前広小路商店街振興組合は、秋田駅の西側に隣接する南北およそ400mの街区内に位置している。専門店や飲食店を中心とする20店舗で構成されており、そのなかにはファッション専門店ビル「フォーラ

ス」、「アルス」や百貨店の「西武」といった大型店も含まれている。なお、前項のなかで触れた「三越」や「イトーヨーカ堂」も撤退するまで加盟していた。この意味で、同商店街は買回品を扱う店舗や大型店を含む典型的な広域型・超広域型商店街である。

　このような秋田市駅前広小路商店街振興組合の内部環境から推察されるように、同商店街では色々な意味で大型店の影響力が強く、とりわけ商店街予算はそのほとんどが大型店からの会費で支えられている。同商店街理事長の平澤氏によれば、これらの大型店は地域貢献に対する事業活動への想いも深く共有している。それを示す行動のひとつとして、代々の店長および館長は、商店街の役員会にほぼ欠かさず出席し続けているそうである。広域・超広域型商店街のなかでも、とくに大型店と協力的な関係にある商店街といえるだろう。

　従来から秋田市駅前広小路商店街振興組合では、主な商店街事業として、夏に地域の伝統行事である盆踊りを中心とする「ふるさと秋田駅前フェスティバル」、冬に12月の1か月間、LED の電飾を使ったイルミネーション「光のテラス」が実施されている。現在は「光のテラス」の期間中に、新しいイルミネーションとしてオリジナルのクリスマスアートを壁面に投影する「クリスマスアート＠エキマエ」やクリスマスイベント「ゴスペル＠エキマエ」、「イルミネーションセール」も開催している。

（3）地域内連携の特徴と成果

　2010年以降、秋田県と秋田市駅前広小路商店街振興組合は、同商店街が位置している県道の整備計画について協議していた。そのなかで同商店街は、安全や防犯の観点から、県道整備とタイミングを合わせて新たな LED 街路灯を設置できないか模索していた。

　こうした状況のなかで、2011年、東北経済産業局から秋田県を通じて地域商店街活性化法の活用について打診されたという。同法の支援対象にはハード整備も含まれており、認定を受けると商店街の自己負担が 2 / 3 から 1 / 3 になること、街路灯が設置できる目途がついたことから、全会一致で認定申請の手続きを開始した。つまり、検討していた LED 街路灯の設置にかかる費用の補助率拡大が、同法を活用する主要な目的であったわけである。

申請する事業計画の策定は、秋田県中小企業団体中央会の支援を受けながら進められた。具体的な事業内容を検討するために、商店街の役員会において企画会議を月1回開催していた。会議の目的はソフト事業の企画・事業化であり、大型店の店長や館長らもほぼ毎回参加していたという。

　このような過程を経て、秋田市駅前広小路商店街振興組合は、地域商店街活性化法の認定を申請した事業計画の地域課題を「地域の賑わい創出とファッションイメージの定着」とした。前述のように、中心市街地に立地していた大型店の撤退・閉店が相次いだ影響などを受けて、同商店街やその周辺も例外なく行き交う人々の数が大幅に減少していた。そのため、年間を通じて季節に合わせた住民参加型のイベントを開催するとともに、地域の特徴を活かしたイメージを発信していくことで「賑わい」を創出しようとしながら、後述するような「地域コミュニティの担い手」としての役割を果たそうとしたのである。同商店街の認定計画の概要は表5-2の通りである。

　以下では、秋田市駅前広小路商店街振興組合で展開されている地域内連携の特徴に焦点を合わせて、実施された季節ごとのイベント「うまい！　あきた博！」、「ふるさと秋田駅前フェスティバル」、「エキマエファッションウィーク」が開催されるまでの経緯や具体的な内容について検討する。

　秋田市駅前広小路商店街振興組合では、2010年の夏頃から、企画会議のなかで春に開催するイベントの企画を考えてきた。そのなかで、大型店側から秋田の旬の食材やB級グルメのPR、料理試食会を行う「うまい！　あきた博！」の企画が提案された。これは、従来から西武百貨店と取引がある食品事業者との関係などを活かせないかという提案から企画・事業化されたイベントであるという。この事業は、認定を受けた年から開催を予定していたが、東日本大震災の被害を受けて、1年後の2012年春から開催された。

　次に夏のイベント「ふるさと秋田駅前フェスティバル」についてであるが、秋田市駅前広小路商店街振興組合は、1991年から、中心的な担い手として盆踊り大会を開催しており、地域の恒例行事として地域住民に認知されている（図5-2）。盆踊り大会当日は、舞踏会などの市民サークルと協力して運営している。

　企画会議を通じて作成した事業計画では、さらに来街者の回遊を目的とする

第 5 章　組織的連携に基づく商店街活動の特徴

表 5-2　秋田市駅前広小路商店街振興組合の認定計画の概要

事業名	地域の魅力情報発信、秋田市駅前広小路商店街の四季イベントを活かした地域コミュニティづくりと住民参加型活性化事業		
認定日	2011年4月13日	事業実施期間	2011年4月～2014年3月
地域住民 ニーズ	・駅前商店街に欲しい機能：安心安全、コミュニティ、イベントなど ・実施して欲しいイベント：食イベント、大道芸、イルミネーションなど		
地域課題	地域の賑わい創出とファッションイメージの定着		
事業内容	・LED 街路灯設置（新規） ・春イベント「うまい！　あきた博！」（新規） ・夏イベント「ふるさと秋田駅前フェスティバル」 ・秋イベント「エキマエファッションウィーク」（新規） ・冬イベント「光のテラス」		
数値目標	・来街者数：1,649人／日→1,731人／日（2008年→2013年）		

注 1：網掛け部分は地域内連携に基づいて実施されている事業。
注 2：本事業計画から初めて実施されている事業は「（新規）」と併記。
出所：経済産業省中小企業庁ウェブサイト「認定商店街活性化事業計画の一覧」、ヒアリング調査提供資料「商店街活性化事業計画に係る認定申請書」をもとに作成。

図 5-2　ふるさと秋田駅前フェスティバル
出所：秋田市駅前大通商店街振興組合提供資料。

オリエンテーリング形式の参加型イベント「エキマエトレジャー in サマー」や、西武百貨店の屋上に仮設型のバスケットコートを設営して開催される若者向けのイベント「ストリートバスケット＠エキマエ」が盛り込まれることになる。夏のイベントとして、こうした多様なイベントを同時多発的に開催することで、地元の住民だけではなく、より広域からも老若男女を集客することを主

な目的としていたという。

　秋には地域住民参加型のイベント「エキマエファッションウィーク」が開催された。繰り返しになるが、駅周辺という立地特性もあり、ファッション性の高い衣料や雑貨を取り扱うテナントが入る商業施設が集積している。前述した企画会議のなかで、こうした特徴を積極的に発信していくことで、地域のファッションイメージを定着させるという方向性が出席者のなかで共有されてきていた。このイベントはとくに大型店が主導的な立場で企画してきたものであるという。

　具体的な内容は、フォーラス、アルス、西武百貨店などの商業施設に入居しているテナントの服を着たモデルが、照明や音響で雰囲気を演出しながら設営されたランウェイを歩くというものである。西武百貨店の前にあるアゴラ広場で開催されている。前日には、本番当日のファッションショーに先立ち、地元のモデル会社を介して地域住民を対象とする公開オーディションも開催した。地域住民参加型のイベントにすると同時に、イベントにかかる１日あたりの費用を減らす手段でもあったという。図５−３のように、本格的な舞台装置や照明器具などを設置しながら、ファッションショーのために専門のディレクターを招聘するなど、多額の費用をかけて演出したそうである。

　以上で要約的に確認してきたように、秋田市駅前広小路商店街振興組合は、地域内連携に基づいて、季節の風物詩的な恒例行事である盆踊り大会の中心的な担い手として地域コミュニティに貢献しようとしながら、地域特性を活かしたまちのファッションイメージを発信することで「賑わい」の創出を目指してきた。

図５−３　エキマエファッションウィーク
出所：秋田市駅前大通商店街振興組合提供資料。

第5章　組織的連携に基づく商店街活動の特徴

　なお、これらのイベントは、いずれも典型的な非日常的で一過的な性質をもつ事業である。一般的に、イベントはうまくいけばその日は会場に多くの見物客が集まるものの、当日やとくに翌日以降、各個店の売上などの経済的成果に結びつかないことが多い。イベントを目当てに来街する場合、基本的に個店に立ち寄ることを目的としていないからである。仮に売上に繋がるとしても、本項の事例に関しては、主にファッションテナントの売上に貢献することになる一方で、ほかの各個店ひいては商店街全体としての直接的な効果は集客などに限定される。したがって、個々の店舗の販売促進というよりも商店街全体としての集客が重視されているという捉え方もできるが、とくにエキマエファッションウィークのように多くの費用がかかるイベントは、費用対効果が総じて低くなる可能性が高い。

　以上のイベントの特性に関する簡単な検討を踏まえて、同商店街の事例から読み取れる地域内連携の構図を示すと図5-4のようになる。

　現在、地域内連携に基づいて実施された事業のうち、認定計画の事業実施期間のあとも継続しているのは、夏のイベントのひとつで従来から開催されていた盆踊り大会のみである。また、いずれの事業においても、イベントが開催されるときに限られた単発的な連携であった。商店街内部で開かれている企画会議のように、継続的な関係性のもとで、たとえば定期的な会合などを通じて事業活動を発展させてきたというわけではない。その意味で、今回の事例は時限

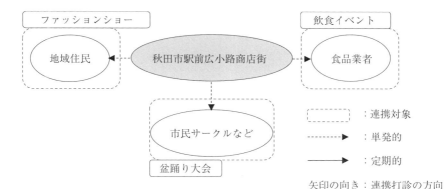

図5-4　秋田市駅前広小路商店街振興組合の地域内連携の構図

的に取り組むことを予定していた、いわば「事業計画のため」の連携として理解することができるだろう。

事業効果を測定するために設定した地域商店街活性化法の事業計画の数値目標（来街者数）では、2008年の数値（1,649人／日）から、実施計画終了時の2013年には5％増加（1,731人／日）させることを目標としていた。調査結果は3,428人／日となり、設定していた数値目標は達成したという。しかし、平澤理事長は「通行量は商店街にとってのバロメーターだが、人口減少や大型店や専門店の出店動向が影響する。もしかしたら減少幅は抑えられているかもしれないが、外部要因の影響を排除できない」として、数値目標を設けること自体には一定の理解を示しながらも、その尺度と成果との関連については検討の余地があることに言及されていた。

秋田市駅前商店街振興組合では、これまでも大型店が比較的大きな影響力を持ちながら、広域から不特定多数の集客を見込んだイベントが開催されてきた。もちろん、他力本願な姿勢で地域内連携を志向すると、アイデアを提案したり行動に移したりする意欲的な担い手が商店街組織の内部から育つ機会が失われる可能性がある。しかし本項の事例を見ても、担い手や地域課題への対応という観点から見た場合、外部主体との連携を通じて、商業者だけでは担う余裕がない、あるいは担うことができない事業活動を展開できる可能性が拡がることは重要である。

ただし、先に指摘したように、夏のイベントの一部を除くと、形式的な「事業計画のため」の連携という側面が少なからず見受けられる。そのため、必ずしも商店街は外部主体と持続的で実質的な連携関係を構築しているというわけではない。

2．大川商店街協同組合（福岡県大川市）

（1）大川市と市内小売業の概況

大川市は福岡県南西部に位置している。市南部は有明海に面しており、そこにある河口に向かい市内の北東方面から筑後川が流れている。これに加えて、市全体が低く平坦な土地という地理的な特徴があるため、とくに農業や運搬業などの分野で古くから水路が用いられてきた。

第5章　組織的連携に基づく商店街活動の特徴

　大川市は、江戸時代から木工の造船業が盛んな地域として発展してきた地域特有の歴史を有している。周辺地域一帯には、現在も家具産業の関連企業が集積しており、同市は学習机や婚礼家具などをはじめとする家具やインテリアの生産量が日本で最も多いことで知られている。木工都市としての発展は、筑後川などを輸送経路として利用できたという環境が支えてきたともいわれている。家具産業の最盛期には、大川市の周辺市町村から多くの労働者が市内に通勤していたため、日中や勤務後、本項の対象である大川商店街協同組合が立地している旧市街地の商店街を彼らが利用することは日常的な光景として見られていたという。

　しかし、昨今、とくにアジアからの安価な家具の輸入や消費者ニーズの変化により、大川市の家具生産量は大幅な減少傾向が続いている。それに伴い、木工所を含む関連企業の廃業や倒産の連鎖が続いており、結果として労働者などの昼間人口が減少している。現在は、以前とは逆に大川市内から久留米市や福岡市等へ通勤している割合の方が高いという。なお、大川市の人口は最も多かった1970年には5.1万人であったが、2016年3月時点でおよそ3.8万人である。

　大川市の小売業の推移を表5-3で概括的に確認すると、2002年から2014年までの間、いずれの数値も減少傾向にある。図5-5に示した同じ期間の大型小売店の店舗数と売場面積は、長期的には大きな変動はないことを踏まえると、店舗の規模に関わらず衰退局面に突入しているという趨勢を読み取ることができる。

　商店街が集積している旧市街地の同じ町内には、商店街を構成している家具

表5-3　大川市の小売構造の変化（2002年～2014年）

年	事業所数（店）	従業者数（人）	販売額（百万円）	売場面積（㎡）
2002年	596	2,687	36,240	87,389
2004年	565	2,622	33,761	72,346
2007年	483	2,380	33,422	78,426
2014年	341	1,786	30,697	57,512

出所：経済産業省「商業統計」各年版をもとに作成。

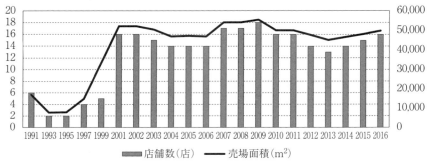

図5-5 大川市内の大型店の店舗数・売場面積の推移
注：大店立地法改正前は売場面積3,000m²以上（第1種）、改正後は1,000m²以上の店舗が対象。
出所：「全国大型小売店総覧」東洋経済新報社、各年版をもとに作成。

関連業種店などの中小小売商のほかに「西鉄ストア」があるため、従来から日常的な買い物客も来街していた。しかし、1999年、旧市街地から車で5分ほどの距離に、およそ300台分の駐車場を備えた「ゆめタウン」が開設すると、地域住民の多くは購買先として郊外の大型店を選択するようになっていったという。こうして、旧市街地にある商店街の競争環境は大きく変化していくことになる。

（2）大川商店街協同組合の概要

　大川市の中心部には、大川商店街協同組合のほかに、銀座商店街振興組合と中央商店街振興組合がある。後者の2つの商店街は、片側一車線の車道を挟んで向かい合う位置関係にある。

　この2つの商店街で構成されていた大川商店街連合会が、1979年、大川市役所跡地を取得するために別団体として設立した組織が大川商店街協同組合である。当時は、前述した地域特性から木工関連の専門店が数多く集積しており、彼らを中心におよそ100店舗が加盟していた。

　その後、大川商店街協同組合は、市役所跡地の利用に向けて福岡県の広域商業診断を受けた。その結果を受けて、約70名の組合員が中心となり、1990年に中小商業活性化事業を活用して「大川リフレッシュタウン整備計画」を策定した。具体的な内容は、既存の商店街や周辺施設の役割を明確にしたゾーニング

第5章　組織的連携に基づく商店街活動の特徴

プランを定め、市役所跡地や周辺の土地の有効利用について検討したもので
あった。

　なお、大川商店街協同組合は、上記の広域商業診断の勧告内容を踏まえて、
もともと「大川商店街改造計画[4]」を策定したが、商店街内部から事業規模が
大き過ぎるとの反対意見が相次いだため、実施を断念している。

　しかし、こうした紆余曲折を経て整備計画を策定したものの、そのなかで立
案された市役所跡地での施設開設をめぐり、大川商店街協同組合のなかで開設
積極派と消極派が対立する事態が生じた。積極派の組合員は勉強会や視察を重
ねるなかで、開設が必要であるという判断に踏み切り、消極派に対して協同組
合への残留か脱退の意思表示を迫ることになる。

　その結果、費用負担などの問題を懸念して多くの組合員が徐々に脱退してい
き、最終的に施設開設を希望する6店舗が残留した。ただし、このときに脱会
した組合員は、その当時は形骸化していた大川商店街連合会として、現在も同
協同組合と協力関係にあるという。

　そして、大店法関連5法[5]のひとつである中小小売商業振興法の改正によっ
て法的に位置づけられた「街づくり会社制度」に基づく、いわゆるパティオ事
業の第1号案件として、1995年に大川商店街協同組合が運営する独立店舗の集
合施設「ヴィラ・ベルディ」が開設する。同施設は3階建て、延床面積は
1,520m²、うち売場面積は1,074m²、そのほか多目的ホールや倉庫等が446m²
である。現在は、開設当初からの組合員6店舗（輸入雑貨、楽器、ブティッ
ク、婦人服等の物販店）と5つのテナント（飲食店やヘアサロンなど）、後述
する子育て支援施設などで構成されている。ヴィラ・ベルディの建設にあたっ
ては、大川市と姉妹提携都市であるイタリア・ポルディノーネ市の特産品であ
る煉瓦や大理石を用いたタイルなどを取り寄せた。また、手すりや階段に木材
を使用するなど、南欧風の雰囲気づくりにも工夫を施している（図5-6）。

　ところで、同施設の開設に際して、資金計画や補助事業などについて中小企
業診断士である福岡県リテールサポートセンターの担当者に相談したところ、
当初は改正小振法の「商店街基盤施設整備費補助金」の対象施設に該当するの
で活用してはどうかとの助言を受けたという。そこで、補助金申請準備などの
ために計画を1年間延期すると、丁度良いタイミングでいわゆるパティオ事業

81

図5-6　大川商店街協同組合が入る「ヴィラ・ベルディ」
出所：2015年9月9日筆者撮影。

が高度化資金の支援対象として新設されたため、同事業の活用に方針転換することになるのである。

　主な商店街事業として、次のようなイベントが実施されてきた。7月に開催される「夏祭り（夜市）」では、例年開催されていた土曜夜市を継承して施設の中庭に金魚すくいや駄菓子屋をはじめとする屋台村を出店している。また、地域で活動している市民団体を誘致して和太鼓やバンド演奏も開催されている。

　さらに12月には、大川市がイタリア北部にあるポルディノーネ市と姉妹都市であることから「イタリアンフェア」を開催している。このイベントでは、主にバイオリン演奏を聴きながらイタリア料理を堪能したり、テナントとして入居する飲食店が美味しいコーヒーの淹れ方を教える教室などを開いたりしている。

（3）地域内連携の特徴と成果

　大川商店街協同組合が開設したヴィラ・ベルディは、設置から20年以上が経ち、施設の老朽化が進んでいた。大川商店街協同組合は、改修のために中小商業活力向上事業の活用を検討した時期もあるが、事業費の2/3を自己負担することは、多目的ホール運営や駐車場収入などの収益源が限られる大川商店街協同組合にとって決して少なくない[6]。しかも人口減少傾向にあるという意味で潜在顧客が増えることも考えにくいことから、こうした不確実な状況のなかで過度な負担をしてまで改修することに二の足を踏んでいた。

　しかし、大川市商工会議所の事業説明会において、地域商店街活性化法の認定を受けると施設改修にかかる事業費の補助率を拡大できることがわかり、認

第5章　組織的連携に基づく商店街活動の特徴

定申請の手続きをはじめることになる。同法を活用する主な目的は施設改修であり、具体的にはウッドデッキの張り替えやLED照明の設置などを計画していたということである。

　大川商店街協同組合は、地域商店街活性化法の認定計画のなかで、地域課題として「中心市街地の観光拠点づくり」を設定した。前述のように、大川市では基幹産業であった家具産業の衰退傾向が続いていた。そこで、大川市と家具業界が地元産業の活性化を目指していたこともあり、その一環として「大川家具業界との連携イベント」が事業計画に盛り込まれることになるのである。

　なお同商店街は、地域商店街活性化法の認定を受けるため、全国商店街支援センター[7]の支援事業である2009年度「支援パートナー派遣事業」を活用している。全国商店街支援センターに支援パートナーとして登録されている専門家とともに、地域住民のニーズを調査することにより、今後3年間の事業計画やその目標、資金計画などを検討しながら事業計画を作成した。その計画の概要は表5-4の通りである。

表5-4　大川商店街協同組合の認定計画の概要

事業名	「藩境のまち大川」の観光拠点を目指す商店街づくり		
認定日	2010年3月31日	事業実施期間	2010年4月～2013年3月
地域住民ニーズ	・農産物直売、カントリーフェア等イベント ・ホームページやメールによる情報発信 ・子育て関連施設（小学生以下の子供を持つ子育て世代の要望）		
地域課題	中心市街地の観光拠点づくり		
事業内容	・まちかど案内機能及び情報発信機能の充実（新規） ・子育て支援施設の創設（新規） ・イベント事業（新規） ・施設整備事業（新規）		
数値目標	・空き店舗数：2店舗→0（2010年→2012年） ・利用客数：約8万人／年→約11万人／年（2010年→2012年）		

注1：網掛け部分は地域内連携に基づいて実施されている事業。
注2：本事業計画から初めて実施された事業は「（新規）」と併記。
出所：経済産業省中小企業庁ウェブサイト「認定商店街活性化事業計画の一覧」、ヒアリング調査提供資料「商店街活性化事業計画に係る認定申請書」をもとに作成。

83

以下では、前項の事例と同様の趣旨に基づきながら、課題解決を目指して取り組まれている事業活動のひとつとして、地域内連携をもとに実施している「イベント事業」、「子育て支援施設の創設」を中心に検討していく。

　前述のように、大川市や地元産業界のなかで家具産業の活性化が目指されていたこともあり、その一環として「大川家具業界との連携イベント」が事業計画に盛り込まれた。具体的には、年に1回、協同組合大川家具工業会に加盟している複数の地元家具店や雑貨店、家具卸売業者などが、ヴィラ・ベルディの中庭を利用して家具や雑貨の展示販売や福祉家具の展示などを実施している。また、より広域から集客するため、開催当日までタウン誌やフリーペーパーに開催情報を掲載している。さらに当日は、来街者アンケートを実施して、回答者に景品や商品券などが当たる抽選会も開催することで、販売促進の充実も企図していた。商店街に集客するだけではなく、参加者への販促を組み合わせたイベントということになる。

　また、テナントが抜けていた空き区画に、子育て支援施設として専用スペースを創設した（図5-7）。ここを活用して、地域の人形劇団のNPOなどと連携しながら、子育て世代の母親と小学生未満の子どもを対象に絵本の読み聞かせや人形劇などを年に数回の頻度で開催している。大川商店街協同組合の女性スタッフの意見を取り入れ、地域団体に提案した結果として実現した事業であるという。

　このほかにも、大川市観光協会の出張所として観光案内所を設けて、観光客への案内機能の充実にも注力している。

図5-7　子育て支援施設

出所：2015年9月9日筆者撮影。

第5章　組織的連携に基づく商店街活動の特徴

　このように、大川商店街協同組合は「中心市街地の集客拠点づくり」を目指すにあたり、ヴィラ・ベルディの中庭および子育て支援施設を会場として提供することにより、連携相手とともに家具や雑貨の展示販売、子育て支援などを実施してきた。

　大川商店街協同組合は、ほとんどが輸入雑貨などの買回品を取り扱う専門店で構成されている。そのため、イベント当日は、利用客からすると商品構成の幅が拡がることになり、結果として各個店での関連購買につながることもあるという。地域課題として設定した観光拠点づくりは、どちらかと言えば大川市の家具産業活性化に向けた販路拡大の延長線上に位置づけられるといえるだろう。

　子育て支援施設での取り組みについては、理事長の宗光氏によれば、参加した親子から一定の評価を受けているようである。その意味では、「地域コミュニティの担い手」として交流の場や機会を提供しているといえそうであるが、上で述べたように、同商店街は最寄品のように定期的に高頻度で買い物をするような業種が充実しているわけではない。より持続的な組合運営のためには、子育て支援施設に訪れる近隣の子育て世代を顧客として集客して、商店街の商売にどのように繋げていくかが重要な課題として残されている。

　大川商店街協同組合の地域内連携の構図は図5-8のようになる。前項の事例と同様、固定的な連携関係のもとで事業が実施されてきている。また、事業計画のなかで予定されていたイベントが開催される時点での形式的で単発的な

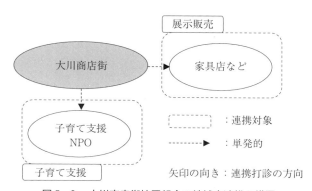

図5-8　大川商店街協同組合の地域内連携の構図

連携であるといえる。

　地域商店街活性化法の事業計画の数値目標では、利用客数を2009年度の約8万人／年から、事業期間終了後の2013年度には11万人／年に増加させ、空き店舗数を2009年度の2店舗から2013年度にはゼロにするとしていた。実施期間終了後、2013年度の利用客数は約6万人／年に減少した。テナントとして飲食店が入り続けている前提で計算していたことが大きく影響したとのことである。また空き店舗数については、1増1減で2店舗のままとなり、結果として空き店舗数は変化していない。

　さらに、大川商店街協同組合の長期的な問題として、同商店街の店舗構成からすると、広域から不特定多数の顧客を誘引することが求められる一方で、店舗数はテナントを含めて10数店舗と限られている。また、近隣の関連業種店も軒並み低調である。したがって、業種構成を活かした商業集積としても、競争環境や消費者行動の変化に対応して事業機会を見出すことが難しい環境に直面しているといえるだろう。

第2節　「フォーマル―フレキシブル」タイプ

1．青森新町商店街振興組合（青森市）

（1）青森市と市内小売業の概況

　青森市は本州最北端にある青森県の中央部に位置している。市内面積の約7割が森林で占められ、市北部は陸奥湾に面しているという地理的な特徴がある。また同市は国内有数の豪雪地帯であり、市内全域が特別豪雪地帯に指定されている。

　交通網は、国内各地を結ぶ東北縦貫自動車道や東北新幹線をはじめ、国内外とつながる空港や港湾を有しており、県内ひいては東北地方の交通の要衝としての役割を果たしている。また、2015年に北海道新幹線が開通したことは記憶に新しいところである。

　1960年代以降、青森市は人口増加に対応するため、徐々に住宅地や商業集積などの郊外開発を進めていた。それと並行して、青森駅から徒歩圏内に立地し

第5章　組織的連携に基づく商店街活動の特徴

ていた中央卸売市場、県立病院や県立図書館などの公共施設が相次いで郊外に
移転した影響を受けて、中心市街地の空洞化が顕在化していくことになる。

　こうした状況のなかで、青森市では、JR青森駅前を中心として市街地の再
開発が進められてきた。なお、これは通商産業省産業構造審議会流通部会の
『70年代における流通』を受けて策定された「商業近代化地域計画」を契機と
しているという。商業近代化地域計画とは、流通政策のなかで都市計画などの
まちづくりの要素が最初に明示的に位置づけられた策定事業とされている[8]。
具体的には、市町村の都市計画をはじめとした地域計画との調整を行いなが
ら、小売業を都市施設として効率的に適正配置することで、地域全体として商
業近代化を図るための制度である。当時は全国の主要市町村の多くで実施さ
れ、現在も地方都市を中心に整備後の構造が残されているところが多い[9]。

　とりわけ青森市中心市街地が脚光を浴びたのが、いわゆるコンパクトシティ
の理念に基づいて、旧法の中心市街地活性化法の認定を受けた基本計画により
行われてきた再開発である。その先導的な事業のなかに、再開発ビル「アウ
ガ」や、高齢者向けのマンションなどの駅前再開発があることはよく知られて
いる。アウガは、低層階（地下1階〜地上4階）の商業テナントと高層階（5
階〜9階）の男女参画共同プラザや市立図書館などの公共施設で構成されてい
る。

　しかし、一連の再開発事業は成功例として取り上げられることもあったが、
とくにアウガに関しては、計画していた売上や賃貸料収入が得られないなどの
影響もあり、債務問題などが深刻化している。これまで青森市は債権買い取り
や増資を実施してきたが、2016年度内に商業テナントを撤退させてアウガを
「公共化」し、運営する第3セクター「青森駅前再開発ビル」の会社整理に着
手する方針を示している。また、代表取締役社長を務めた副市長が3セクの債
務超過により両方の職を辞任するなど、政治的な混乱も招いている。その一方
で、2012年には第2期基本計画が改正中心市街地活性化法の認定を受けて、現
在も複数の再開発事業が進行しているところである。

　ここで、青森市全体の小売商業について表5-5で2002年から2014年までの
推移を見ると、いずれの数値も長期的に減少傾向にある。とりわけ事業所数
は、10年間で約6割まで減少している。

87

表5-5　青森市の小売構造の変化（2002年～2014年）

年	事業所数（店）	従業者数（人）	販売額（百万円）	売場面積（m²）
2002年	3,164	19,877	340,552	376,303
2004年	3,134	20,531	353,292	413,239
2007年	1,884	14,673	278,095	378,202
2014年	1,968	14,456	300,603	356,758

出所：経済産業省「商業統計」各年版をもとに作成。

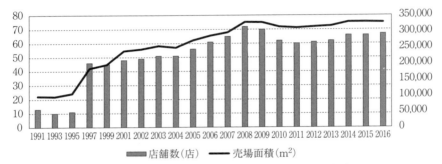

図5-9　青森市内の大型店の店舗数・売場面積の推移

注：大店立地法改正前は売場面積3,000m²以上（第1種）、改正後は1,000m²以上の店舗が対象。
出所：「全国大型小売店総覧」東洋経済新報社、各年版をもとに作成。

また、事業所数が大きく減少している一方で、図5-9に示した同じ期間の大型店の店舗数と売場面積が増加していることを踏まえると、市内の小売店舗が大型化している傾向にあることがうかがえる。

（2）青森新町商店街振興組合の概要

青森市新町商店街振興組合は、JR青森駅東側に隣接する新町通り沿いに約880m延びる商店街である。店舗数は約240店舗、そのうち組合員は145店舗であり、県内最大規模の広域・超広域型商店街である（図5-10）。

青森新町商店街振興組合は、代表的な事業活動として「一店逸品運動」が実施されていることで有名である。この事業は、参加店舗で開催する研究会のなかで、それぞれの「逸品」の魅力を語り合いながら魅力的な価値を発掘し、外

第5章　組織的連携に基づく商店街活動の特徴

図5-10　青森新町商店街振興組合とアウガ
出所：2015年11月26日筆者撮影。

部に向けて逸品や店主の情報をカタログなどで発信するものである。たとえば、青森にちなんだネクタイで有名な洋服店や刃物に精通している洋食器店など、様々な店舗の商品や店主の魅力を伝えることで、商店街全体としてのイメージ向上も目指す取り組みである。

さらに企画会議として、「一店逸品運動」の基本方針を協議する作業部会を月1回程度開催している。そのなかで、ほかのイベント企画や広報手段の検討などが行われているという。その結果、試行錯誤を重ねてアレンジされながら多様な展開を見せている。そのうちのひとつとして、商店街の店主自身がガイドとなり他店舗をツアー形式で案内する「逸品お店回りツアー」に発展している。

このほかにも青森市新町商店街振興組合では、近隣マンションの住民などと一緒にプランターの花の植え替えをしたり、障がい者支援団体などと連携して買い物宅配を実施したりするなど、従来から様々な外部主体と連携して多様な事業が実施されてきた土壌がある。

（3）地域内連携の特徴と成果

以下では、青森市新町商店街振興組合が認定計画のなかで設定した「子育て世代を中心とした交流の場の創出」を目指して取り組まれた「ブランド形成・情報発信事業」、「子育て支援事業」、「アート縁日事業」について検討していく。なお、同商店街の認定計画の概要は表5-6の通りである。

青森市や弘前市をはじめとする一部の周辺市町村には、毎年、弘前さくらまつりやねぶた祭りで大勢の観光客が訪れる。開催期間は多くの宿泊施設が年間

89

表5-6　青森新町商店街振興組合の認定計画の概要

事業名	「多世代共生 '絆' 型商店街を目指して」多世代が絆を深められる商店街コミュニティ形成事業		
認定日	2012年4月13日	事業実施期間	2012年4月～2015年3月
地域住民ニーズ	・魅力的な店、商品、サービスの提供 ・公共交通や駐車場・駐車券サービスの利便性向上 ・魅力的なイベント ・子連れで行きやすい、楽しめる雰囲気づくり		
地域課題	子育て世代を中心とした多世代交流の場の創出		
事業内容	・ブランド形成・情報発信事業（新規） ・子育て支援事業（新規） ・アート縁日事業（新規）		
数値目標	・商店街の来街者数（平日）：44,236人／日→46,500人／日（2010年→2014年） ・商店街の空き店舗数：26店舗→20店舗（2010年→2014年） ・商店街全体の販売額：「2008年と比較して横ばいを維持する」		

注1：網掛け部分は地域内連携に基づいて実施されている事業。
注2：本事業計画から初めて実施された事業は「（新規)」と併記。
出所：経済産業省中小企業庁ウェブサイト「認定商店街活性化事業計画の一覧」、ヒアリング調査提供資料「商店街活性化事業計画に係る認定申請書」をもとに作成。

最高の稼働率になるくらいで、青森市内に最も多くの観光客が滞在する時期である。さらに、新青森駅の開設や北海道新幹線の開通でより多くの観光客が来街する可能性があると考えた青森市新町商店街振興組合は、観光コンベンション協会と連携してガイドマップを作成した。このマップには、地元で人気のある飲食店や土産物店、観光スポットなどの情報を掲載した。

　さらに翌年、以前から店舗の逸品選びで連携していた青森公立大学の学生と若者向けの商店街マップを作成した。地元産品を活かしたスイーツを販売している店舗にスポットを当てて紹介したり、「風景コース」、「味とショッピングコース」、「歴史と文化コース」など、実際に商店街周辺を歩いて魅力を体感できる散策ルートを提案したりすることで、学生目線から魅力的な情報を集めて掲載した。

第 5 章　組織的連携に基づく商店街活動の特徴

　また青森新町商店街振興組合では、前述のように「逸品お店回りツアー」として、商店街の店主がガイドとなり各店舗をツアー形式で案内する取り組みが行われている。同ツアーの参加者は近隣に暮らす地域住民がほとんどであったが、認定事業の2年目となる2013年から「旅人版」として、県外からの観光客を対象にツアーを開始した。その際、生活者や利用者の立場から青森市中心部や商店街を熟知している地域住民がボランティアガイドとなり、観光客を参加者としてツアーを行うこともあるという。

　こうして、主に地域外の観光客に向けた事業を実施する一方で、地域課題として認識していたように子育て世代への配慮もなされてきている。2015年1月、NPO法人「子育て応援隊ココネットあおもり」（以下、NPO）、地元に暮らす子育て世代の主婦のサークル「子育ち支援グループモモ」（以下、サークル）と連携して、青森新町商店街振興組合として子育て情報誌「HUG」（ハグ）を発行した。

　同誌では商店街の店舗、公園や駐車場などを紹介しながら、多機能トイレやおむつ替えの場所、禁煙対応の有無など、主婦の目線から魅力的な情報を掲載している。初年度は、店舗取材から発行までの全工程を広告会社に外部委託していた。しかし、より利用者の目線を意識して、近隣に暮らす子育て世代の母親にとって身近で実用的な情報誌とするために、NPOの女性スタッフやサークルに所属する子育て中の女性が取材や原稿作成に協力するなど、地域住民を巻き込んだ活動も積極的に推進している。

　最後に「アート縁日」事業は、毎夏1回、隣接する善知鳥神社を舞台にして、「AOMORI 楽市楽座」を実施している。当日は、アーティストの作品を出展したり古典芸能の舞台を開催したりして、若者世代が交流する機会となっているという。

　このような要約的な検討からもわかるように、青森新町商店街振興組合は、不特定多数の観光客が訪れるという機会を活かして、広域から地域住民や観光客を集客しようとするとともに、周辺に暮らす子育て世代の親子にも利用しやすい環境の整備を目指して事業を実施してきた。

　以上の各事業における青森新町商店街振興組合と外部主体との地域内連携の実態を概念図として整理すると図5-11のようになる。とくに商店街マップや

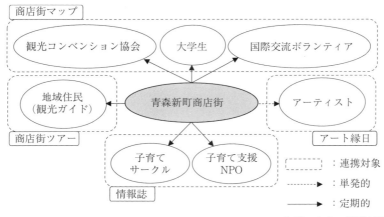

図5-11　青森市新町商店街振興組合の地域内連携の構図

　情報誌の作成では、従来から商店街組織として連携している関係を活かしながらも、一方で柔軟に多様な主体と継続的な連携関係を構築して、それぞれの視点から商店街の魅力を発信しようとしている点に特徴があるといえる。

　そのなかで特筆すべきことは、前項までの事例で見てきた集客または販促型のイベントとは異なり、イベントの体験や店舗取材などを通じて、利用者が個店を知る機会を作り出している点にある。すなわち、各店舗で販売している商品・サービスや店主の人となりなどを知ることで、場合によってはリピーターを創出したり、馴染みのない店舗に新たな利用動機を見出す新規顧客を獲得したりすることにつながる可能性がある。

　また、商店街マップや情報誌の編集会議などを通じて、学生や子育て世代の母親など地域住民との接点を持つことができる。したがって、地域住民がマップや情報誌に掲載してほしいと感じている情報を知る機会になるだけではなく、商店街に求めているサービスや実施してほしいイベントなどの要望を聞くことで、的確な意思決定の材料としての役割を果たす場合もあるだろう。

　なお、地域商店街活性化法の認定をうけた事業計画における数値目標では、①商店街来街者数を2010年の数値（44,236人／日）から５％増加（46,500人／日）させ、②空き店舗数を2010年の26店舗から20店舗へと減少させ、③商店街

第5章　組織的連携に基づく商店街活動の特徴

全体の販売額を「2008年と比較して横ばいを維持する」としていた。実施期間終了後、①商店街来街者数は41,920人／日で目標には届かなかったが、②空き店舗数は16店舗へ減少し、③商店街全体の販売額は2010年度の数値からおよそ３％増加したといい、３つのうち２つの項目で目標を上回った。

　こうして地域内連携の実態を確認してきたが、では、なぜ商店街組織として多様な主体と柔軟に連携関係を構築しながら、持続的に事業活動を推進することができるのだろうか。以下では簡単な検討に留めるが、その要因のひとつとして、商店街組織としての体制、とくに今回の事例では事務局機能の存在が重要な役割を果たしていることが挙げられる。

　青森新町商店街振興組合事務局長の堀江氏が担当している業務は、地域内連携に基づいて実施している上記の事業に関連する業務だけでも多岐にわたる。たとえば、外部主体との折衝やスケジュール調整、先進事例などの情報収集や調査、会合の議事進行や会議録の作成などである。これ以外にも、書類作成や管理、組合員への情報発信など、事業運営の水面下で必要になる業務は少なくない。

　上記のような業務を商店街の役員などが担えれば問題ないが、その日限りならまだしも、定期的に継続していくことになる。商業者としての日常的な業務の時間を割いて担当し続けるのは負担が大きい。もし輪番制にするとしても、重荷に感じて参加をためらう商業者が出ることも想像に難くない。

　このように考えると、本項の事例では、持続的で実質的な地域内連携を推進する際に、商店街事務局が地域内連携に基づく商店街活動を支える調整役として機能していることが大きな要素となっていることがわかるだろう[10]。

２．七日町商店街振興組合（山形市）[11]

（1）山形市と市内小売業の概況

　山形市は山形県東南部に位置する人口約25万人の県庁所在地である。同市は周囲を西側の田園地帯、東側の奥羽山脈に囲まれている。

　山形市中心市街地の街並みの形状は、江戸時代初期に築城された山形城とその城下町を起源としている。この地域一帯は戦災の影響をあまり受けていないため、狭い丁字路や農業用水堰などの構造が残されている場所が多い。主に生

93

活用水や農業用水の確保のため築造したとされ、山形市中心市街地の景観の一部を特徴付けている。こうした景観を活かしながら、江戸時代に築造された生活や農業のための用水路である「山形五堰」のひとつの「御殿堰」を再生させる事業も実施されている。

　さらに七日町商店街振興組合がある国道112号の突き当りには、大正時代に山形県庁として建てられ、ルネサンス様式を基調としたレンガ造りの建築「文翔館」がある。同施設は1984年に国の重要文化財に指定されており、こうした歴史的建造物や先に述べた御殿堰や蔵などの景観を活かすための再開発事業も進められてきた。

　中心市街地一帯の町名である七日町や十日町などは、当時の市日が由来であり、歴史的に山形市内の小売業の中心的役割を果たしてきた。高度経済成長期にさしかかる1956年、七日町商店街振興組合がある街路沿いに地元資本の「大沼百貨店」と「丸久」が出店した。これらの大型店が核となり、七日町地区に形成されていた商店街には、さらに多くの人が引き付けられるようになる。

　こうした動きに少し遅れるようにして、七日町などの中心市街地から3kmほど南西に位置するJR山形駅前にも立て続けに大型店が出店した。すなわち、1960年代に「八文字屋」や「十字屋」などの百貨店が出店した。こうして市内には、山形駅前と七日町の2地区に商業集積が形成されていくことになる。

　なお、山形市全体の小売商業について、2002年から2014年までの間の推移を表5-7で見ると、いずれの数値も減少傾向にある。特に事業所数は約6割にまで減少していることがわかる。また、市内における大型店の出店状況の推移は図5-12の通りである。

　その一方で、山形市郊外でも1970年代後半からロードサイドに大型店が出店しはじめた。具体的には、1997年に「ジャスコ山形北ショッピングセンター」（現イオン山形ショッピングセンター）、2000年には「イオン山形南ショッピングセンター」（現イオンモール山形南）が開設するなど、郊外に大規模な商業施設が相次いで出店した。

　山形商工会議所の調査によれば、これらの影響を受けて、1997年から2007年の間、七日町商店街振興組合の歩行者通行量は約6割、売上は約5割にまで減

94

第5章　組織的連携に基づく商店街活動の特徴

表5-7　山形市の小売構造の変化（2002年～2014年）

年	事業所数（店）	従業者数（人）	販売額（百万円）	売場面積（m²）
2002年	3,170	19,985	342,549	410,206
2004年	3,028	19,223	328,772	404,755
2007年	2,772	18,377	321,780	402,577
2014年	1,941	14,451	320,448	382,625

出所：経済産業省「商業統計」各年版をもとに作成。

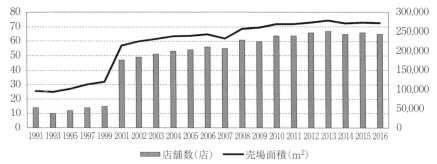

図5-12　山形市内の大型店の店舗数・売場面積の推移
注：大店立地法改正前は売場面積3,000m²以上（第1種）、改正後は1,000m²以上の店舗が対象。
出所：「全国大型小売店総覧」東洋経済新報社、各年版をもとに作成。

少したという。さらに2000年に百貨店の「丸久」（閉店時は山形松坂屋）が閉店したことが、こうした傾向を加速させた。「丸久」は七日町商店街振興組合の核店舗として多くの人を引き付けていたため、閉店の影響は決して小さくなかった。

　なお、山形市は、1999年に中心市街地活性化基本計画が中活法の認定を受けている。主な事業として、①共同駐車場の整備、②七日町通りと山形駅を結ぶ100円循環バスの運行、③七日町中心部に高層マンションの建設、④歩道・自転車道・車道の分離の社会実験などを実施してきた。なお、同計画の中核的な事業として実施された、⑤「山形松坂屋」撤退後の空き物件を活用して開業した複合施設「ナナビーンズ」の開設、⑥家電量販店跡地を活用した広場一体型の再開発ビル「イイナス」の開設については以下で詳述する。

さらに2008年、第2期の基本計画が改正中心市街地活性化法の認定を受けている。ここで詳細な記述をすることは避けるが、そのなかのひとつとして、観光やイベントの総合的な展開を促進する名所づくりが事業化されている。具体的には、「紅の蔵」、「七日町御殿堰」、「山形まなび館」という町屋や蔵などの歴史的建造物を改修・整備して、交流拠点として活用しようとするものである。

（2）七日町商店街振興組合の概要

七日町商店街振興組合は、JR山形駅の北東約2kmに位置している。1954年に結成され、百貨店などの大型店、衣料品店や宝飾・時計店、日用品などを取り扱う約80店舗で構成される典型的な広域・超広域型商店街である。

同商店街のもうひとつの特徴として、商店街として積極的に投資して再開発を展開してきたことが挙げられる。

前述のような競争環境の変化に対応するため、七日町商店街振興組合は、2000年、近隣商店街、山形市や山形商工会議所とともに「山形市中心商店街活性化連絡会議」を立ち上げた。この会議における中心的な検討課題は、「丸久」が撤退した8階建ての空きビルの活用方法であった。協議を重ねた結果、民間商業施設と公共の子育て支援施設などが入居した「ナナビーンズ」が2002年に開設した。「ナナビーンズ」の1階から3階には、生鮮品や衣料品などの物販を中心に民間の店舗が入居している。4階から8階は山形市が借り上げ、インキュベーションオフィスや飲食専門のチャレンジショップ、また子育て支援や学生が勉強できる場所として運営している。

さらに2003年、大型家電量販店の跡地を再利用して、山形市の土地区画整理事業と商店街の再開発事業として、商業施設とイベント広場「ほっとなる広場公園」からなる再開発ビル「イイナス」を開設した（図5-13）。同施設が開設する前は、山形市が管理する公共広場として活用していた。その後、七日町商店街振興組合が組織した「ほっとなる広場公園管理協力会」が山形市から公園の運営管理を受託し、その土地に商店街所有のイイナスが開設したわけである。現在はフリーマーケットやナイトバザール、農家野菜を中心に産直販売する朝市などで、年間約80日以上活用されているという。

第 5 章　組織的連携に基づく商店街活動の特徴

図 5-13　ナナビーンズ（左）とイイナス（右）
出所：2015年9月7日筆者撮影。

　こうした七日町商店街振興組合による再開発などの積極的な投資は、同商店街が所有する駐車場運営で得られる収入を中心とする財政基盤によって支えられてきた。
　同商店街では、1981年、商店街専用とする225台収容の自走式立体駐車場を全額自己負担で建設した。2001年以降は、周辺駐車場と共同で「山形市中心街共通駐車サービス券システム」を稼働させた。サービス券の共通利用により、七日町商店街振興組合を含めた商業集積として利用環境を整備することで、長期継続的に安定した収入が見込める重要な存在となっている。なお、この駐車場は拡幅工事に伴い解体され、2017年4月、街なかコミュニティ機能型交流拠点「N-GATE」が新設された。地上5階建ての建物には、駐車場のほか、テナントとして1階に子育て支援施設やカフェ、アンテナショップが入っている。
　このように、七日町商店街振興組合では、駐車場収入を基盤として多くの予算を確保しているため、補助事業を適宜活用しながらも、従来から財政的に自立した事業を実施してきた。たとえば、過去に実施したセットバック事業なども、ほぼすべての費用を自己負担したという。
　また、上記のような強力な財政基盤に支えられて事務局体制も整備されている。専従の事務局員として常時3～4名以上を雇用しているという。彼らは業務のひとつとして、年間の事業計画を立てるとともに、イベント情報などを整理した資料を毎月1日と15日にすべての加盟店に配布している。飲食チェーン店などは、この資料に基づいて独自のサービス内容や商店街イベントへの参加意義などをチェーン本部へ提案して実現させることもあるという。

97

一般的に、チェーン店に与えられている権限は少なく、店長の中心的な関心事は店舗の業績であることが多い。また、短期間の異動を前提として勤務しているため、地域のことは二の次にされがちである。しかし、七日町商店街振興組合では、年間の事業計画や各事業の具体的な内容を早い段階で決定して、チェーン店ともそれらの情報を共有することで、協力的な関係を構築することができているというのである。

（3）地域内連携の特徴と成果

　これまで整理してきた七日町商店街振興組合の内部・外部環境を念頭に置きながら、地域内連携に基づいて実施されてきた事業活動について考察する。同商店街は表5-8にある地域商店街活性化法の認定を受けた計画に基づいて事業活動を実施してきた。

　以下では、そのうち地域課題として設定した「環境にやさしい市民交流の拠

表5-8　七日町商店街振興組合の認定計画の概要

事業名	エコと地域連携による七日町商店街活性化事業		
認定日	2010年3月3日	事業実施期間	2010年4月～2013年3月
地域住民ニーズ	・明るく安全な街 ・歩行者天国のような賑わいあるイベント ・駐車場の利便性向上		
地域課題	環境にやさしい市民交流の拠点づくり		
事業内容	・復活！！　七日町歩行者天国 ・駐車場・来街マイレージシステム（新規）※第2期計画に延期 ・みんなのチャレンジショップ（新規） ・七日町ブランドの創出（新規）		
数値目標	・歩行者通行量：16,000人／日→16,800人／日（2009年→2012年） ・空き店舗数：1店舗→0（2009年→2012年）		

注1：網掛け部分は地域内連携に基づいて実施されている事業。
注2：本事業計画から初めて実施された事業は「（新規）」と併記。
出所：経済産業省中小企業庁ウェブサイト「認定商店街活性化事業計画の一覧」、ヒアリング調査提供資料「商店街活性化事業計画に係る認定申請書」をもとに作成。

98

点づくり」を目指して、地域内連携をもとに取り組まれている「歩行者天国」
と「みんなのチャレンジショップ」について整理する。

　なお、七日町商店街振興組合は2016年6月、事業計画「『七日町商人（あき
んど）の心意気』と魅力・価値創造発信事業」が、地域商店街活性化法の第2
期の認定を受けている。そのなかでは、①多様な交流拠点の整備、②商人の挑
戦表明、さらに③利用者の利便性向上を予定している[12]。

　「復活！！　七日町歩行者天国」は、事業期間の1年目は七日町商店街振興
組合単独で、創業者支援のためのクラフトマーケットを開催していた。しか
し、全体として賑わいを創出していくため、2年目は隣接する本町商店街振興
組合が地酒物販イベントなどを、3年目から近隣の一番街商店街振興組合、朝
日銀座商店街振興組合がストリートジャズなどを同じ日時に開催するように
なった。

　また、4年目には歩行者天国の企画会議などを担う実行委員会を立ち上げて
いる。ここには「大沼」や「八文字屋」、「ナナビーンズ」などの大型店の販売
促進担当も参加しているという。これを契機として、公民館や美術館など周辺
の文化・観光施設も同じ日に合わせてイベントを開催するようになった。それ
により、異なる目的を持った不特定多数の来街者が集まるようになるという。
現在は、近郊の野菜農家などとも連携することで、車道に出店者が連なる産直
市なども開催している。

　「みんなのチャレンジショップ」は、市内の小規模事業者や福祉施設の障が
い者の方々が、商店街広場で定期的にチャレンジショップを実施している。事
業の名称は「チャレンジショップ」だが、実質的にイベントのときの一時的な
出店である。当初、最終的には商店街の空き店舗に入ってもらうことも想定し
ていた。しかし、店舗運営は家賃負担等の面から難しく、現在は市役所1階の
スペースを借りて、商店街イベント実施時に同時出店している。

　なお、現在、七日町商店街振興組合が最も連携に力を入れているのは、
NPO「やまがた育児サークルランド」であるという。具体的には、託児や子
育て講座・研修会等を実施している。山形市内は子育て世代の母親の市内勤務
率が高いという点に着目し、勤務前後の利用ニーズがあると考えたようであ
る。

また、同NPOでは、山形県の「やまがた子育て応援パスポート事業」の一環で次のようなサービスを提供している。妊娠中の方や小学校6年生までの子どもがいる場合、協賛する県内の企業や商店で県が発行するパスポートカードを提示することで、商品の割引などのサービスを受けられるようになる。七日町商店街振興組合の一部加盟店舗も対象になっている。
　このように七日町商店街振興組合は、地域内連携に基づいて、交流の拠点としてイベント事業を開催するとともに、子育て世代にとって良好な買い物環境を整備するために子育て支援事業も展開してきた。前項の事例と同様に、一部の事業は、柔軟に多様な主体と継続的な連携関係を構築しているという特徴を有している。地域内連携の構図を概念的に整理すると図5-14のようになる。
　地域商店街活性化法の認定計画で設定した数値目標では、歩行者通行量を2009年度の数値（16,000人／日）から5％増加（16,800人／日）させ、1店舗あった空き店舗をゼロにするとしていた。事業実施期間終了後、歩行者通行量の目標は「達成した」という。ただ、山形市は中心市街地活性化法の認定を受けており、同商店街がある地域でも「まちなか回遊イベント」や各種事業が実

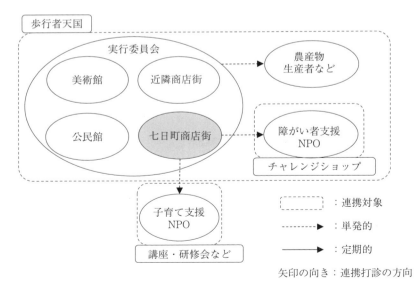

図5-14　七日町商店街振興組合の地域内連携の構図

第5章 組織的連携に基づく商店街活動の特徴

施されているため、どちらの効果かを判断することは困難である。また、空き店舗数は結果として3店舗に増えたという。

しかし、以上で見てきた事業活動は、地域内連携による商店街事業のなかの一部に過ぎない。七日町商店街振興組合事務長の下田氏によれば、こうした外部主体との関係性を構築・定着させるためには、チェーン店の場合と同様、商店街としてある程度決まったスケジュールを計画することで、外部主体がイベント事業などの商店街活動に参加するための検討や各種調整をしやすいようにすること、そしてそれを含めた情報を高頻度で提供し続けることが重要な点のひとつであるという。

いずれにしても、このように、異質的な組織などを積極的に受け入れる開放的な環境をつくる際には、「調整役」としてだけではなく、商店街の年間事業計画や具体的な内容などの情報を継続的に提供し続けるなどの「推進役」としての役割が重要な要素のひとつであるということがうかがえる。

3．きじ馬スタンプ協同組合（熊本県人吉市）

（1）人吉市と市内小売業の概況

人吉市は熊本県最南端、周囲を九州山地に囲まれた盆地帯に位置している。

同市は、熊本市内から車で90分ほどの距離にあり、古くから熊本市などの九州中部・北部と宮崎・鹿児島方面を繋ぐ交通の要衝及び休憩地として発展してきた。また昭和初期以降、老舗旅館をはじめとする多くの宿泊施設が集積して温泉街を形成してきた。しかし、昨今の九州自動車道の全線開通及び幹線道路の整備により、次第に通過する場所になりつつあるといわれている。

人吉市の中心市街地はJR人吉駅前に位置している。中心市街地一帯は、すぐ南を東西に流れる球磨川沿いに築城された人吉城の城下町を起源としている。人吉市内の商業は、人吉城から2009年に国宝に指定された青井阿蘇神社までの参道沿いに中小小売商が集積することで、自然発生的に商店街が形成されてきた。最盛期には300店舗以上の商店が立ち並び、先に述べた地理的条件から孤立商圏が形成されていたため、日常的に賑わいを見せていたという。

しかし、1970年代以降、人吉市内や周辺地域の交通網が整備されていくとともに、熊本県内を中心に展開している地元資本のスーパー「サンロード」やド

101

ラッグストア「ディスカウントドラッグ コスモス」などが、ロードサイド型店舗として複数店舗を展開した。その影響を受けて、人吉市中心市街地に立地している中小小売商などを中心とする商店街は厳しい競争環境にさらされ、次第に衰退傾向を強めていった。さらに1992年、「ジャスコ」（現「イオン」）が人吉市の郊外に出店すると、多くの地域住民が購買先として選択するようになり、こうした状況に拍車がかかることになる。

人吉市全体の小売業について、2002年から2014年までの推移を表5-9で確認すると、いずれの数値も減少傾向にある。とりわけ年間商品販売額は、ほかの項目と比べて減少率が高く、12年間で約8割まで減少している。

また、年間商品販売額が大きく減少している一方で、図5-15に示した同じ期間の大型小売店の売場面積が微増していることを踏まえると、店舗あたりの

表5-9　人吉市の小売構造の変化（2002年～2014年）

年	事業所数（店）	従業者数（人）	販売額（百万円）	売場面積（m²）
2002年	599	3,482	51,242	77,274
2004年	586	3,438	51,043	75,473
2007年	534	3,240	46,172	74,349
2014年	390	2,474	41,356	58,424

出所：経済産業省「商業統計」各年版をもとに作成。

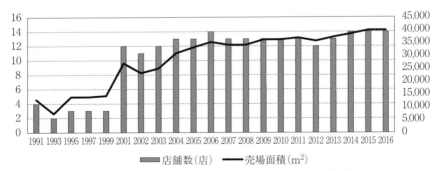

図5-15　人吉市内の大型店の店舗数・売場面積の推移

注：大店立地法改正前は売場面積3,000m²以上（第1種）、改正後は1,000m²以上の店舗が対象。
出所：「全国大型小売店総覧」東洋経済新報社、各年版をもとに作成。

売場効率が低下傾向にあることがうかがえる。

（2）きじ馬スタンプ協同組合の概要

きじ馬スタンプ協同組合は、JR人吉駅から約500m南東に位置している（図5-16）。組合員数は2015年9月時点で70店舗である。商店街を構成する小売・サービス業のほか、とくに旅館や病院が多く立地している。

同協同組合は、隣接する西九日町商店街振興組合と東九日町商店街振興組合の一部の組合員で構成されている。もともと、この2つの商店街は協同組合人吉商連というひとつの組織であった。きじ馬スタンプ協同組合は、2010年に協同組合人吉商連が名称を変更して再結成した組織である。なお、「きじ馬」という名称は、九州地方の伝統的な木製玩具である「雉子馬」から取られている。

人吉市中心市街地にある商店街は、もともと1960年に共助会と専門店会が合併して結成された協同組合人吉商連として一体的に組織されていた。しかし、以下のように商店街ごとに異なるハード整備が必要という判断のもと、形式的に組織を分化させてきたという。すなわち、高度化事業を活用してアーケードを設置するため、その受け皿として1976年に西九日町商店街振興組合が結成された。さらに1986年には、電線地中化を実施するために東九日町商店街振興組合が結成された。このような背景があるため、これまでも商店街活動の際は、基本的に協同組合として実施してきている。

きじ馬スタンプ協同組合の主な商店街活動として、後述するスタンプ事業や共同大売り出し、「おひなまつり」事業がある。

「おひなまつり」事業は、東九日町商店街振興組合が中心的な運営主体とな

図5-16　きじ馬スタンプ協同組合

出所：2015年9月10日筆者撮影。

り、2003年から実施されている。同事業では、毎年2月から2か月間、店頭に各店舗が所有する雛人形を飾り出しながら、統一的に様々なイベントが開催されている。たとえば、希望者に着付けや化粧を施して舞妓として商店街を散策してもらうイベントや、各店舗が独自にお休み処を設けたり、そこで「てまり」などの手作り商品を展示販売したりするイベントである。開催当初は「日本一早いひなまつり」として注目を集め、九州をはじめとする多くの地域から観光客が訪れていたという。

（3）地域内連携の特徴と成果

きじ馬スタンプ協同組合の中核的な商店街事業は、組織の名称にもあるようにスタンプ事業である。ジャスコの出店計画が明らかになる前年の1991年、当時の協同組合人吉商連執行部が、東京都世田谷区の烏山駅前通り商店街振興組合を参考にして、同協同組合の経済的な自立を目指して開始したのがはじまりである。

しかし、スタンプ事業を展開していく過程で、最寄品を取り扱う日常的に買い物客が訪れる店舗を中心に、業務の効率化を図るため端末で印字するポイントカードを使用する店舗が増えはじめていた。しかし一方で、多くの店舗はシールを台紙に貼り付けるスタンプカードを使い続けていたため、利用客はポイントを別々のカードで管理しなければならない状況が続いていた。

当然ながら、次第に利用客から不満の声が挙がりはじめる。そこで、きじ馬スタンプ協同組合は利用者の利便性や新規顧客の獲得に向けたPRなどを考慮した結果、ポイントカード統一のための端末導入に向けて検討を開始することになる。さらに当時、商店街のイベントなどの宣伝は、組合が発行するチラシを媒体として利用していた。そのため、毎回発行していては手間とコストがかさむことから、会員登録制のメール配信に切り替えるという提案もなされていたという。

そうした状況のなかで、地域商店街活性化法が施行されたことを契機に、端末導入にかかる費用の補助率拡大のために認定申請の手続きを開始した。具体的な事業内容は後述するが、その際、人吉市商工課や人吉商工会議所のサポートを受けながら事業計画を策定した。

第 5 章　組織的連携に基づく商店街活動の特徴

　きじ馬スタンプ協同組合は、地域商店街活性化法の事業計画のなかで「高齢者世代が集うふれあいの場づくり」を地域課題とした。冒頭で述べたように、人吉市は盆地のため中心市街地は山間部に囲まれ、そのほとんどが傾斜地である。そこに地域住民の多くが住んでおり、中心市街地までの交通の便も非常に悪いため、とくに車を移動手段として使えない高齢者は、食料品などの生活必需品の買い物が困難な状況に直面している。いわゆる買い物弱者問題が深刻な地域である。商店街では、以前から接客の際にこうした不便の声が多く聞かれていたという。

　こうしたことから、ポイントカードの統一化とともに、買い物支援サービスの仕組みも合わせて導入することで、高齢者のために良好な買い物環境を整備することを中核とする事業計画を策定した。その概要は表 5-10 の通りである。以下では、上記で指摘した地域課題に対応するために、地域内連携をもとに実施してきた「くま川軽トラック市」と「ポイントカード」事業を中心に検討する。

表 5-10　きじ馬スタンプ協同組合の認定計画の概要

事業名	お “ひとよし” の街の「ふれあい交差点」事業		
認定日	2009年10月 9 日	事業実施期間	2009年10月〜2012年 3 月
地域住民 ニーズ	・地域の人や観光客がなごやかに集う街 ・ポイントカード ・定期的なバーゲン ・接客サービスの向上　など		
地域課題	高齢者世代が集うふれあいの場づくり		
事業内容	・イベントの実施（新規） ・メール配信事業（新規） ・スタンプカードのポイントカード化（新規）		
数値目標	・商店街の来街者数：1,040人／日→1,092人／日（2006年→2012年）		

注 1 ：網掛け部分は地域内連携に基づいて実施されている事業。
注 2 ：本事業計画から初めて実施された事業は「（新規）」と併記。
出所：経済産業省中小企業庁ウェブサイト「認定商店街活性化事業計画の一覧」、ヒアリング調査提供資料「商店街活性化事業計画に係る認定申請書」をもとに作成。

105

「くま川軽トラック市」は、事業の名称からもわかるように、農産物生産者が農産物直売をする事業である。開催場所を商店街の裏側に流れる球磨川沿いの道路にして、会場を訪れる利用客を商店街にも集客することを主な目的としていたという。また、同じ日に商店街セールを実施することで、商店街としても収益を上げられるような相乗効果を目指していた。なお同事業は、事業計画の認定を受けたあと、毎月第3日曜日に開催されてきた。

しかし、「くま川軽トラック市」の会場から商店街に訪れる利用客は予想以上に少なく、ほとんど商店街の集客には繋がらなかったという。さらに、売上はすべて生産者の収益となる取り決めで開催していた一方で、道路使用許可や告知等の準備はすべて商店街側が負担していた。こうした状況が重なったことにより、次第に商店街内部から開催を疑問視する声が挙がるようになった。その結果、「くま川軽トラック市」は、認定計画の事業実施期間である2011年を最後に終了した。現在は、事業計画の変更申請をしたうえで、代替的に「100円商店街」を開始している。

次に「ポイントカード」事業についてである。先に述べたように、きじ馬スタンプ協同組合が地域商店街活性化法を活用する主要な目的はポイントカードへの統一化であった。また、商店街独自のポイントカード端末を導入するとともに、高齢者をはじめとする地域住民のための買い物環境整備の一環として、次のような2つの取り組みも開始している。

第1は「こども応援券」である。「こども応援券」はベルマークのような仕組みであり、加盟店での買い物で満点になったポイントカードの一部を切り離せるようにした。切り離した部分である「こども応援券」を20枚集めると、きじ馬スタンプ協同組合の加盟店で500円の買い物券として利用できるというものである。利用主体は、利用団体として登録している保育園や幼稚園または小中学校などの教育機関であり、購買商品としては文房具などが多いという。青少年教育の観点からも地域に貢献すると同時に、幼少のころから馴染みのある存在として商店街を認知してもらうことを目指しているという。

現在は地元の幼稚園や保育園、小中学校およびPTAなど、82団体が登録している。年間およそ130万円、1団体当たり1.1万円分が利用されている。

第2の取り組みとして、地元のタクシー会社と連携することで、商店街ひい

第5章　組織的連携に基づく商店街活動の特徴

ては中心市街地へのアクセスを改善しようとした。具体的には、毎年12月から
２月の３か月間は、満点のポイントカード１枚で700円分のタクシー券として
利用できるようにした。通常、満点のポイントカードは１枚500円であるた
め、200円のプレミアムを付与したことになる。当初はもう少し低い金額設定
であったというが、タクシー協会との定期的な連絡会議のなかで利用者の意見
を反映させた結果、現行の金額に引き上げられた。プレミアムの分だけ協同組
合の負担が大きくなるため、年間を通した恒常的な運用には至っていないもの
の、期間中の利用回数は増加傾向にあるという。

　なお、ポイントカードおよびメール会員は、運用開始から700名程度で推移
している。

　しかし、上記で見てきた取り組みの効果もあり、ポイントカード事業は順調
に推移していたが、東九日町商店街振興組合理事長の岡本氏が経営する食品
スーパー「イスミ」の支店が閉鎖した影響を大きく受けて、同事業の運営が困
難な状況に直面したという。

　その結果、2014年に「グリーンスタンプ」と業務提携することにより、きじ
馬スタンプ協同組合の負担軽減を図っていった。具体的には、未交換ポイント
の流通状況の把握や該当分の現金保持という主要な運営業務を「グリーンスタ
ンプ」に移行した。現在、同協同組合の業務は、加盟店に対する活動として、
収集した顧客データを活用して組合員の売上に貢献するような情報を還元して
いる。

　このほかにも、地域商店街活性化法の事業計画には含まれていないが、きじ
馬スタンプ協同組合は、人吉市社会福祉協議会と連携して買い物宅配・代行事
業を実施している。利用者が商店街の加盟店で購入した商品を社会福祉協議会
の契約職員が自宅まで届ける宅配事業と、利用者が社会福祉協議会の発行する
カタログから注文し、契約職員が買い物をして届ける買い物代行事業を展開し
ている。

　以上で確認してきた「くま川軽トラック市」事業と「ポイントカード」事業
などにおける連携の構図は図5-17の通りである。

　このように、きじ馬スタンプ協同組合はタクシー会社などと連携しながら、
ポイントカードの利用者の年齢層を広げて来街者の増加を目指すとともに、少

107

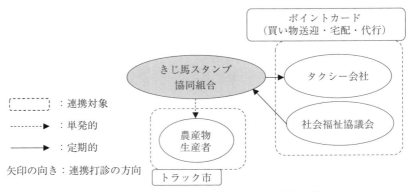

図5-17　きじ馬スタンプ協同組合の地域内連携の構図

子高齢社会へ対応するため、良好な買い物環境の整備を目指して事業を実施してきた。とくに地元のタクシー会社および社会福祉協議会と連携して取り組んでいる買い物送迎・宅配・代行は、地域や商店街が置かれている環境条件と課題に的確に対応した事業活動ということができる。

　事業計画における数値目標では、商店街来街者数を2006年度の数値（1,040人／日）から5％増加（1,092人／日）させるとしていた。実施期間終了後、商店街来街者数は1,402人／日となり、数値目標は達成したという。

　以上から、きじ馬スタンプ協同組合は、商店街組織として「高齢者をはじめとする地域住民に良好な買い物環境を提供する」という明確なコンセプトを持ちながら、柔軟に連携関係を構築して事業活動を展開してきたことがわかる。

第3節　考察

　本章では、連携の特徴を整理して類型化した分析枠組みのうち、「フォーマル―リジット」タイプと「フォーマル―フレキシブル」タイプによる地域内連携の実態とその成果を中心に検討してきた。結果として、それぞれの類型において次のような特徴や課題があることが示唆されると考えている。

　秋田市駅前広小路商店街振興組合、大川商店街協同組合が該当する「フォーマル―リジット」タイプは、繰り返しになるが、商店街が策定した事業計画の

第5章　組織的連携に基づく商店街活動の特徴

なかで予定されていた固定的な連携関係のもとで事業活動が実施されている。どちらの商店街も集客または販促型のイベント事業を中心に実施してきたわけであるが、連携相手が空間として商店街を活用する単発的な連携関係に基づく事業活動であるという共通点が見られた。そのため、イベントを開催するときに限る、いわば「事業計画のため」の形式的な連携であり、両者の継続的で定期的な関係のもとで、発展的な試行錯誤が見られるわけではない。事業活動の内容や連携体制が硬直的であることから、次第に地域の環境条件や課題と事業活動の内容が乖離していくような場合、そもそも事業環境や消費者ニーズの変化に対応するための準備の段階で困難に直面する可能性もある。また、いずれの場合も、そもそも地域の社会的な課題に対応するというより、地場産業や商店街自身の「活性化」を前面に掲げた事業活動として捉えることができるだろう。

　一方、青森新町商店街振興組合、七日町商店街振興組合、きじ馬スタンプ協同組合が該当する「フォーマル―フレキシブル」タイプの共通点は、商店街組織が主導しながら、当初は想定していない新たな外部主体とも柔軟に継続的な連携関係を構築している点にある。

　青森新町商店街振興組合の事例では、商店街組織が主導して、地域住民や観光客を顧客として獲得しようとしながら、近隣に暮らす子育て世代の親子が利用しやすい環境の整備も目指してきた。とくに商店街マップや情報誌の発行では、目的に応じて多様な視点から商店街の魅力を発信してきた。また、その際に、商店街の事務局が地域内連携に基づく事業活動を支える「調整役」として機能していることが確認された。こうした役割が、従来から地域内連携が定着してきた大きな要因のひとつであることは明らかである。

　これに加えて、地域内連携が定着していく段階で重要な要素として、七日町商店街振興組合の事例では、外部主体がイベント事業などの商店街活動に参加するための検討や各種調整をしやすいようにするために、商店街の年間事業計画などの情報を高頻度で提供し続けることだけではなく、「推進役」としての役割も重要であることが示唆された。

　きじ馬スタンプ協同組合の事例では、ポイントカード事業の再編成に伴う買い物弱者対策を中心に検討した。タクシー会社や社会福祉協議会と連携して事

109

業活動を展開しているが、地域課題と事業活動の対応関係が明確な場合は有効となりうる可能性が示唆された。

　これらの「フォーマル―フレキシブル」タイプに該当する商店街は、商店街組織として外部主体と連携しながら、継続的に定期的な会合などの機会を設けることで、実質的な連携関係を構築して事業活動の内容を発展させている。その結果、地域課題と事業活動の対応も臨機応変に調整しやすいことが示唆された。その際、事務局などの「調整役」や「推進役」が重要な役割を果たしていることが見られた。したがって、逆に言えば、こうした役割を担う主体が不在となる場合、地域内連携に基づく事業活動は単発的で散逸的な状態に陥るということもできる。

1）　大店法の規制緩和を含めた流通政策の系譜的研究として石原（2011）、大店法の運用の問題に関わる研究として草野（1992）などが参考になる。

2）　都市中心部からの大型店などの撤退問題や地域商業に与える影響、跡地再利用の状況などについては、渡辺（2001）および渡辺（2014），pp.76-90が、全国の商店街振興組合と地方自治体へのアンケート調査および一部ヒアリング調査に基づいて分析している。

3）　中央通商店街振興組合もあったが、2010年に解散した。秋田駅前エリアは、2000年代後半に進展した郊外型のショッピングセンター開発によって、衰退傾向が顕著になり、中央通商店街では構成員の減少、シャッター通り化が進み、主要事業の共同駐車場を売却したことから、振興組合として存続する意義が失われ解散が選択されたという。

4）　この改造計画では、商店街のメイン道路を拡幅し、商店街の要所をゲートエリア、マグネットエリアとして位置づけたブロック開発を提案していた。しかし一部ではあるものの、商店街として危機感を持つだけではなく、将来を見据えてこうした開発に踏み切ろうとする行動的な雰囲気があったことは特筆すべきであろう。

5）　詳しくは、たとえば石原（2011），pp.110-120，渡辺（2016），pp.149-154. などを参照されたい。

6）　多目的ホールや駐車場の整備に対する支援は、改正小振法の最も大きな特徴のひとつである。その一方で、新しい商業集積の計画的整備という方向性が打ち出され、こうした施設を含む「商業基盤施設」（駐車場、総合サービスカウンターなどの顧客利便施設、会議室、多目的ホールなどの地域住民生活向上施設、共同 POS システム、共同荷捌場などの小売業務等円滑化施設など）を一体的に整備する支援枠組みとして法制度化されたのが特定商業集積整備法である。しかし、商業基盤施設の低収益性や維持管理の問題は、施設運営主体の大きな負担となる場合が少なくない。これらの問題については、新島他（2015）のなかで、ヒアリング調査などに基づいて予備的に考察している。

第 5 章　組織的連携に基づく商店街活動の特徴

7)　2009年に地域商店街活性化法が施行された際、国の商店街施策と歩調を合わせて商店街
　　支援を具体的に実践する組織として設立された。全国商工会連合会、日本商工会議所、全
　　国中小企業団体中央会、全国商店街振興組合連合会のいわゆる中小企業 4 団体が出資して
　　いる。

8)　渡辺（2014），p.20。詳しい制度的な内容については、通商産業省企業局（1971）を参照
　　されたい。

9)　こうした駅前を中心とする再開発によって、全国各地において、駅前に広場やロータ
　　リーを設置したり、アーケードが設置されたスーパーを核とする商店街が形成されたりし
　　た。どこの都市でも見られるワンパターンの光景であるという意味で、「金太郎飴」や「駅
　　前シリーズ」などと揶揄されている側面もある。

10)　なお、平成26年度「商店街実態調査報告書」によれば、専従事務局員数（パート、アル
　　バイトを含む）が「いない（ 0 名)」と回答した商店街が70.8％を占めている。一方、 1
　　名以上の専従事務局員がいると回答した商店街を組織形態別でみると、「商店街振興組合」
　　は42.7％、「事業協同組合」は48.4％、「任意団体」は7.4％である（有効回答数3,240件：
　　回答率40.5％)。

11)　七日町商店街振興組合は、本項のなかで後述するように、歩行者天国の開催にあたり公
　　民館や美術館などと実行委員会を立ち上げているため、次章で取り上げる「インフォーマ
　　ル―フレキシブル」タイプにも該当するが、ヒアリング調査時点で、商店街組織として子
　　育て支援 NPO との連携に注力していることから、この類型に含んでいる。

12)　認定計画の概要は、経済産業省中小企業庁ウェブサイト「認定商店街活性化事業計画一
　　覧」を参照されたい（URL: http://www.chusho.meti.go.jp/shogyo/shogyo/shouteng-ai_
　　ninteijirei/ 2 touhoku/1607172T24.pdf)。

第6章　インフォーマルな連携による事業活動の展開

　前章では、地域内連携の特徴を整理して類型化した分析枠組みに基づいて、「フォーマル―リジット」タイプと「フォーマル―フレキシブル」タイプに該当する商店街の事例分析を展開した。その結果を端的に要約すれば、地域内連携に基づいて事業活動を実施する際、前者のタイプは、時限的な条件のなかで単発的な連携に留まる、いわば「事業計画のため」の形式的な連携関係にあることを指摘した。一方、後者のタイプは定期的に連携しているため、持続的で実質的な連携関係を構築していること、商店街組織の事務局などが地域内連携の調整役や推進役として重要な役割を果たしていることが示唆された。

　本章では、商店街組織としてではなく、特定の意欲的なメンバーが連携を志向するという観点で共通する「インフォーマル―リジット」タイプと「インフォーマル―フレキシブル」タイプに該当する商店街の事例について考察する。

　以下の第1節では、前者に該当する釧路第一商店街振興組合、小千谷東大通商店街振興組合、呉中通商店街振興組合の事例について検討する。これらの商店街は、自発的に連携を志向する商店街の限られたメンバーで事業組織を立ち上げ、固定的な連携関係を維持しながら事業活動をしている場合である。

　続く第2節で扱う事例は、後者に該当する中島商店会コンソーシアムと飯塚本町商店街振興組合である。この類型の特徴は、商店街の有志のメンバーを中心に、状況に応じて外部の組織や個人あるいは地域住民との連携関係を柔軟に構築している場合である。

第6章　インフォーマルな連携による事業活動の展開

第1節　「インフォーマル―リジット」タイプ

1．釧路第一商店街振興組合（北海道釧路市）

（1）釧路市と市内小売業の概況

　釧路市は北海道東部の太平洋側に位置している。釧路市中心部には道東地方を管轄する国や北海道の出先機関が入る合同庁舎、金融機関や民間企業の営業所などが集合していることから、釧路市は道東の政治経済の中心的な役割を担う都市として発展してきた。また、臨海地域の大規模な港湾に、製紙工場や食料品工場、医薬品製造工場、発電所などが集積する工業都市である。

　他方で、近年、市街地に立地していた民間企業の営業所の一部が撤退しはじめていることなどを受けて、釧路市中心部の JR 釧路駅周辺には、出張者の宿泊需要を取り込むビジネスホテルが急増している。さらに、2016年7月から、釧路市中心部の再開発事業として、釧路駅から南側に伸びる北大通りに分譲マンションと有料老人ホーム併設の複合ビルの着工が予定されている。こうしたことから、今後も釧路市中心部の小売業が置かれる外部環境は変化が続いていくと予想されている。なお、同市の人口は2016年時点で約17万人であり、1980年の約22万人をピークに減少傾向が続いている。

　釧路市内では、北大通り沿いに中小小売商が集積することで、自然発生的に商店街が形成されてきた。現在の北大通りには、釧路駅に近い北側と南側に、それぞれくしろ北大通商店街振興組合と釧路第一商店街振興組合が結成されている。かつては、釧路市内で唯一「そごう」や地元資本「丸三鶴屋」（その後「丸井今井」が後継店として出店）などの百貨店が立地していた地区でもある。

　しかし、1970年代中頃から「イオン」や「ダイエー」をはじめとする大型店が立て続けに郊外に出店した。その一方で、釧路市が1971年に制定されたラムサール条約に合わせて実施したインターロッキング道路整備の際、上記の2つの商店街では、立ち退き料を貰って転出する組合員が相次いだという。さらに2006年、「丸井今井」が業績不振のため撤退すると、これらを要因として、商店街を含めた中心市街地の来街者は大幅に減少していった。なお、現在も「丸

113

表6-1 釧路市の小売構造の変化(2002年〜2014年)

年	事業所数(店)	従業者数(人)	販売額(百万円)	売場面積(m²)
2002年	1,844	13,228	212,102	241,082
2004年	1,573	11,422	187,211	210,805
2007年	1,033	7,723	139,648	219,283
2014年	1,119	9,073	177,650	219,283

出所:経済産業省「商業統計」各年版をもとに作成。

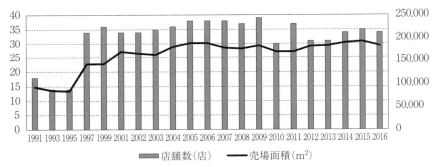

図6-1 釧路市内の大型店の店舗数・売場面積の推移

注:大店立地法改正前は売場面積3,000m²以上(第1種)、改正後は1,000m²以上の店舗が対象。
出所:「全国大型小売店総覧」東洋経済新報社、各年版をもとに作成。

井今井」の跡地再利用の目処は立っていない。

　ここで、釧路市全体の小売業について、表6-1で2002年から2014年まで間の推移を見ると、どの項目も長期的に減少傾向にある。図6-1に示した同じ期間の大型小売店の店舗数と売場面積に大きな変動はないことを踏まえると、店舗の規模に関わらず衰退傾向にあることがうかがえる。こうした状況を見ても、中心市街地の小売業は厳しい状況に置かれているといえるだろう。

(2) 釧路第一商店街振興組合の概要

　釧路第一商店街振興組合は、北大通りの南側にあたる国道38号線沿線に立地する広域・超広域型商店街である(図6-2)。同商店街の南側には釧路川が東西に流れ、釧路川に架かる幣舞橋以南は住宅地が拡がる。釧路市中心部の商業

第6章 インフォーマルな連携による事業活動の展開

図6-2　釧路第一商店街振興組合と旧丸井今井
出所：2015年11月25日筆者撮影。

は、この住宅地と前述の官公庁街を結ぶ地域として発展してきた。釧路市内随一の繁華街であった末広町にも隣接している。

　釧路第一商店街振興組合は1974年に振興組合として法人化され、組合員は39店舗である。そのうち、食料品や日用品などの最寄品を扱うのが6店舗、そのほかの店舗は文房具、靴や着物などを取り扱う専門店や飲食店などである。北大通はバス通りということもあり、来街者のおよそ7割がバスを利用しているという。

　しかし、釧路第一商店街振興組合がある北大通地区は歩行者通行量が大幅に減少している。2011年の『釧路市都心部通行量調査』によれば、同年は1日平均121人となり、1998年と比べておよそ20％にまで減少した。また、北大通地区の高齢化率は51％で、釧路市全体の平均を大きく上回る状況にある。

　これまで、釧路第一商店街振興組合の商店街活動として、北海道開発局の「国道38号線ボランティアサポートプログラム」における清掃やまちの美化啓蒙活動、釧路市の「くしろ港まつり」の協賛事業として「はたらく車・防災車両体験・展示」を実施してきている。

（3）連携の特徴と成果

　釧路第一商店街振興組合は、地域商店街活性化法の申請に先立ち、利用者および商店主に対するアンケート調査およびヒアリング調査を実施した。そのなかで、とりわけ利用者が不利益を感じている課題として、来街および買い物に関する次のような点が挙げられた。

　すなわち、上で述べたように、商店街の利用者のほとんどがバスを利用して

来街している。釧路市の年間平均気温は6.2度、とくに冬はマイナス5度までになるが、現在、バスを待つ場所はバス停しかない。以前は「丸井今井」が待合所としても役割を果たしていたが、2006年の閉鎖以降、室内で待機できる場所がなくなったという。バスで来街した来店者のほとんどがこの点に不満を覚えているという。なお、これに続いて、アンケート調査では、商店街で交流できる機会や場所、コミュニティの核となる場所が欲しいという要望が多く挙げられた。

　以上を踏まえて、釧路第一商店街振興組合は、地域商店街活性化法の認定計画のなかで「高齢者が立ち寄れる環境づくり」を地域課題とした。本項では、この課題に対応するために、事業活動のひとつとして地域内連携に基づいて実施された「まちなか冠婚葬祭」を中心に検討する。同商店街の認定計画の概要は表6-2の通りである。

表6-2　釧路第一商店街振興組合の認定計画の概要

事業名	コミュニティホールを核に、市民生活に貢献し、かつ持続する商店街づくり事業		
認定日	2012年4月13日	事業実施期間	2012年4月〜2014年3月
地域住民ニーズ	・休憩、集会、交流できる場 ・冠婚葬祭を行える場 ・地場産品の購入機会増大 ・最寄品の買い物に不便を感じている		
地域課題	高齢者が立ち寄れる環境づくり		
事業内容	・幣舞ふれあいホールの整備・運営（新規） ・専門店出張イベント（新規） ・朝市・産直市場の実施（新規） ・まちなか冠婚葬祭の実施（新規）		
数値目標	・商店街の通行量：121人／日→131人（2011年→2014年） ・売上高：「2011年と比べて0.6％増」		

注1：網掛け部分は地域内連携に基づいて実施されている事業。
注2：本事業計画から初めて実施された事業は「（新規）」と併記。
出所：中小企業庁ウェブサイト「認定商店街活性化事業計画の一覧」、ヒアリング調査提供資料「商店街活性化事業計画に係る認定申請書」をもとに作成。

第6章　インフォーマルな連携による事業活動の展開

　なお、認定を受ける前に、同商店街は有志のメンバーでまちづくり会社を事業実施主体として設立している。以下、時系列に基づいてそれぞれについて確認していきたい。

　釧路第一商店街振興組合は、地域商店街活性化法の認定申請手続きと並行して準備を進め、2012年3月、理事長を含めた理事会メンバーの有志で、まちづくり会社「株式会社釧路第一商店街」を設立した。当初は商店街として申請を目指していたが、釧路市や北海道経済産業局との協議のなかで、事業内容や借入金などに対する商店街の合意形成が問題となることを認識していた。そのため、円滑な事業運営を考える場合、商店街と独立した運営主体が必要であるという理事長の最終判断のもと、まちづくり会社を設立することになる。なお、設立のために資本金として理事長名義で金融機関から2,500万円を借入れている。

　2012年4月に地域商店街活性化法の認定を受け、まちづくり会社は、以前に地元百貨店の丸三鶴屋が入居していた空きビルの1階（426m²）を建物所有者から賃借したうえで改装し、2012年8月に「幣舞ふれあいホール」（以下、ホール）を開設した（図6-3）。

図6-3　幣舞ふれあいホールの外観と内観
出所：2015年11月25日筆者撮影。

改修費はおよそ8,000万円で、そのうち2/3は地域商店街活性化法の補助対象である。しかし、補助金の執行までに半年のタイムラグがあり、その間は自己負担で対応する必要があったため、資金繰りには相当苦労したようである。

　計画の時点では、ホールの主な用途として、会議・葬儀・展示会・物販などを想定し、多目的に利用できる空間としての運営を目指していた。出入口にはロビーを設けて、休憩所やバスの待合所としての利用を見込んでいた。

　認定を受けた後、「まちなか冠婚葬祭」を実施していくにあたり、まちづくり会社のメンバーである商店街の理事長や副理事長らは、地元の葬儀会社にホールを会場として利用することの提案からはじめた。北海道では、一般的に、葬儀は町内会単位で行われる風習があるため、釧路市民の間でも、とくに高齢者世代を中心に近隣住民との繋がりを認識できる貴重な機会として捉えられているという。そこで、会場の提供を通じてその役に立つことはできないかと発想したのである。また、供物や関連備品の緊急の需要が見込まれるため、その一部を近隣で迅速に納入できる商店街の店舗に対して優先的に発注している。

　事業開始後から現在に至るまで、「まちなか冠婚葬祭」としての利用件数は計画の1/3程度であるという。このほかにも、地場産品を取り扱う漁業協同組合や農業協同組合と連携してホールで出張販売する「朝市産直市場」を事業計画に盛り込んでいた。しかし、実施に向けた協議の際、売上の配分や商品を陳列する際に必要な冷蔵庫やショーケースなどの調達について合意に至らなかったことから、ヒアリング調査の時点では実施されていない。つまり、「高齢者が立ち寄れる環境づくり」を地域課題に設定していたが、「まちなか冠婚葬祭」は、葬儀会社の会場の利用頻度に規定されることになる。そのため、同事業は日常的に商店街を利用する可能性がある近隣の高齢者世代を直接的な対象としているわけではない。

　以上のように、釧路第一商店街振興組合は、事業内容や借入金などに対する商店街の合意形成の問題を回避して、機動的に活動できる有志のメンバーでまちづくり会社を設立した。そのうえで、地域住民が解消を求めていた課題に対して、ホールを開設して待合所としての役割を備えること、地元の葬儀会社にホールを会場として提供することにより、利用者同士の交流に寄与するととも

第6章　インフォーマルな連携による事業活動の展開

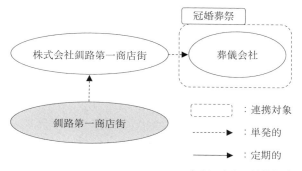

図6-4　釧路第一商店街振興組合の地域内連携の構図

に、商店街の回遊などを通じた売上の確保を目指してきた。なお、「まちなか冠婚葬祭」事業における地域内連携の構図は図6-4のようになる。

　地域商店街活性化法の事業計画の数値目標では、歩行者通行量を2011年度の数値（121人／日）から、事業期間終了後の2014年度には8.3％増加（131人／日）させ、商店街の売上高を同期間で0.6％増加させるとしていた。

　事業実施期間終了後、歩行者通行量は4.8％増加（127人／日）、商店街の売上高は0.5％増加という結果であった。こうした数値のみで成果を判断することは問題もあるが、結果として目標値には到達していないことになる。上述のように利用件数が計画を下回っている点を踏まえても、少なくとも想定していたような成果が出たとはいえないのが実情のようである。

　また、まちづくり会社「釧路第一商店街」は、行政や会議所からの出向者がいるわけでもなく、商店街の少数のメンバーで硬直的な組織体制を構築している。そのため、中長期的な視点で考える場合、今後のまちづくり会社の人材不足は、事業継続を決定的に難しくする。

　さらに、最も重要な課題として、ホールの継続的な維持管理の問題が挙げられる。前述のように、ホールの改修などにかかる初期投資は補助金で充填できたが、今後の持続的な施設運営のためには、ホールの維持費や人件費などの運営費用を捻出するためにも、まちづくり会社として収益を上げていく必要がある。

しかし、上記で確認してきたように、事業活動が頓挫したり、計画時に想定していた施設の稼働率に達していない状況にある。したがって、今後も民間事業者としてホールの継続的な運営を目指していく以上、既存事業の改善や収益性のある新たな事業開発が重要な課題として残されているといえるだろう。

2．小千谷東大通商店街振興組合（新潟県小千谷市）

（1）小千谷市と市内小売業の概況

　小千谷市は新潟県中央部に位置し、南東の魚沼山間地域と北東に広がる越後平野の接点となる地域にある。市内の南東部から北東部には信濃川が縦断しており、川の両岸が河岸段丘のため、緩やかではあるものの川に向かう下り勾配の坂道があるという地理的な特徴がある。一説によると、市の名称は「小さな千の谷がある」と形容されたことに由来しているという。市内の交通網としては、JR上越線とJR飯山線が通り、市の中心にJR上越線小千谷駅がある。また幹線道路として、信濃川の西側に国道17号線（三国街道）、交差するように国道117号線（善光寺街道）がある。

　小千谷市の中心部は、信濃川を挟んで西側（西小千谷地区）と東側（東小千谷地区）でやや異なる地域特性を有している。同市は「小千谷縮」や「小千谷紬」などの麻や絹織物の生産地として発展してきた歴史があり、主要な織物工場は西側に集中して立地していた。現在は、機械や電機などの工業や米菓などの食品産業が主要産業であり、これらの工場のほとんどが西側に集積している。また、西側には市役所や公民館などの公共施設が集積している。さらに市の中心部を通る国道17号線沿いには、1990年代前半に「コメリ」や「ジャスコ」などの大型店が出店したことが契機となり、ロードサイド型の商業集積が形成されていった。

　一方、東小千谷地区は信濃川と城山に囲まれた比較的狭い地区である。1960年代は、小千谷駅を中心に商業が発展し、市内商業の中心としての役割を担っていた。この頃に小千谷市東大通商店街振興組合や東側本町商店街振興組合、平成商店街協同組合が形成され、それぞれがアーケード設置のために法人化された。

　次に小千谷市全体の小売業の推移を概括的に確認したい。表6-3を見る

第 6 章　インフォーマルな連携による事業活動の展開

表6-3　小千谷市の小売構造の変化（2002年～2014年）

年	事業所数（店）	従業者数（人）	販売額（百万円）	売場面積（m²）
2002年	546	2,718	39,845	63,294
2004年	519	2,737	39,195	69,445
2007年	467	2,507	39,002	76,066
2014年	355	2,115	33,738	65,938

出所：経済産業省「商業統計」各年版をもとに作成。

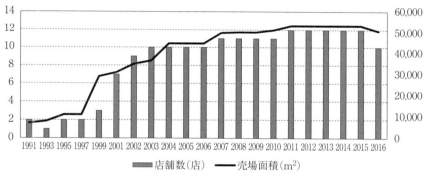

図6-5　小千谷市の大型店の店舗数、売場面積推移

注：大店立地法改正前は売場面積3,000m²以上（第1種）、改正後は1,000m²以上の店舗が対象。
出所：「全国大型小売店総覧」東洋経済新報社、各年版をもとに作成。

と、事業所数は減少傾向にあり、2002年から3割近く減少している。一方で、年間商品販売額は微減しているものの、売場面積は長期的には増加していることから、小千谷市内の小売業の1店舗あたりの売場面積が増加していることが推察される。さらに小千谷市の大型店の出店状況を見てみると、2016年の時点で10店舗が出店している。また売場面積は、表6-3で示した2014年の時点で市内全体の約8割を占めている（図6-5）。

(2) 小千谷市東大通商店街振興組合の概要

　小千谷市東大通商店街振興組合は、JR小千谷駅の西側から約350mにわたる商店街である（図6-6）。2015年2月時点で74店舗の組合員で構成されてい

121

図6-6　小千谷市東大通商店街振興組合
出所：2015年9月25日筆者撮影。

る。同商店街は、1965年、高度化事業を活用して片側アーケードを設置することを目的に振興組合を設立した。当時は、前述したような地理的な要因から孤立商圏が形成されていたため、近隣地域から多くの利用者が訪れたという。

しかし、80年代半ばから90年代にかけて、周辺で相次いだ大型店の出店や道路整備などがなされた影響を受けて、東小千谷地区の小売商業は衰退の度合いを強めていく。また、2004年に発生した中越地震の甚大な被害により、多くの地元の個人商店が廃業に追い込まれたという。さらに2007年には中越沖地震に見舞われ、同地区を含めた市内全域に大きな爪痕を残した。

この影響で、数多くの中小小売商が壊滅的な打撃を受けて閉店を余儀なくされた。また、小千谷市東大通商店街振興組合の集客に中核的な役割を果たしていた東小千谷地区唯一のスーパーマーケット「原信」も撤退することになる。そのため、日常的に必要な食料品や日用品を十分に取り扱う店舗がなくなり、小千谷市東大通商店街振興組合を含めた東小千谷地区の小売商業は大きな岐路に立たされることになるのである。

なお、これまで商店街事業として、音楽演奏などが行われる「おぢやまつり」や飲食ブースが並ぶ「パラソル市」、フリーマーケットなどのイベントが開催され、当日は多くの利用者が商店街を訪れて賑わいを見せているという。

(3) 連携の特徴と効果

小千谷市東大通商店街振興組合は、震災の影響で増加した空き店舗の活用に

ついて検討を開始した。具体的には、独立行政法人中小企業基盤整備機構（以下、中小機構）の「中心市街地商業活性化アドバイザー派遣事業」を活用して開催した勉強会で、高度化事業による共同店舗などの事例を学んだという。

しかし当時、小千谷市では中心市街地活性化基本計画を策定するような動きが見られなかったため、中小機構から派遣された中心市街地商業活性化アドバイザーのアドバイスを仰ぎながら、同様の課題を抱えていた隣接する中央通商店街振興組合と合同で協議を継続していくことになる。

議論を重ねていくなかで、小千谷市復興支援室の助言を受けて「新潟県中越大震災復興基金」の活用を目指すことになる。ただし、同基金に申請するためには地域住民の合意を得た事業であるという応募要件があった。そのため、両商店街で構成していた「東小千谷夢あふれるまちづくり協議会」（以下、協議会）は、次のような経緯で、事業計画を企画する段階から地域住民が参加する体制を構築した。

まず協議会は、東小千谷地区の全11町会の会長を説得して協議会の構成員に迎え入れ、先の要件を満たすとともに、東小千谷地区町内連絡協議会、市議会議員なども加入し、「東小千谷夢あふれるまちづくり活性化協議会」（以下、東夢協）を発足した[1]。彼らは前出の基金を拠出した事業である「地域コミュニティ再建事業」、「地域復興デザイン策定支援事業」、「地域経営実践支援事業」という3つの事業を活用し、以下のような取り組みを行った。

2007年度の「地域コミュニティ再建事業」では、事業目的を明確にするために地域住民にアンケート調査を実施した。その結果、「地形的に独立している東小千谷地区ならではのコミュニティ形成に向けた取り組み」が求められていることがわかったという。また、震災後に不足していた食料品の買い物場所や交流の機会に対する要望があることも明らかになった。

上記調査を受けて、2008年度、東夢協は計5回のワークショップを行った。ワークショップには地域住民をはじめ計105人が参加し、後述する復興プランを練り上げていった。

2009年度から3年間取り組んだ「地域復興デザイン策定支援事業」では、前年度に作成した復興プランを具体化し、その実行部隊として東夢協のなかで次の4つの委員会を立ち上げた。すなわち、「食品委員会」、「拠り所委員会」、

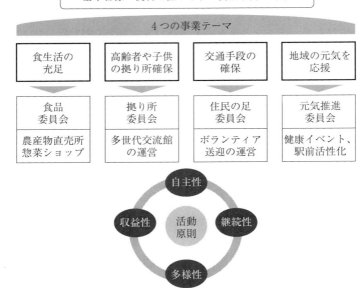

図6-7　東夢協の事業プラン
出所：『東夢協地域復興デザイン策定報告書』p.21。

「住民の足委員会」、「元気推進委員会」である。各委員会は、それぞれのテーマに則した事業の試験運営を行い、後述する「地域経営実践支援事業」において本格的な事業に発展していくことになる（図6-7）。なお、この4つの委員会は東夢協のなかで「実行委員会」として位置づけられ、上部委員会として東夢協委員で構成される「運営委員会」、その上に11の町内会長、市議会議員、東夢協委員で構成される「審議委員会」が設置された。2012年度から3年間行われた「地域経営実践支援事業」の内容は地域商店街活性化法の事業内容と重複するため、詳しくは後述する。

このような状況のなか、中小機構のアドバイザーから「中小商業活力向上事業」について紹介を受けるとともに、地域商店街活性化法の認定を目指すことになる。同商店街の認定計画の概要は表6-4の通りである。

農産物直売所は空き店舗となっていた書店（旧セキ書店）に開設した。具体

第6章　インフォーマルな連携による事業活動の展開

表6-4　小千谷市東大通商店街振興組合の認定計画の概要

事業名	地元住民と連携し、震災復興後の地域の「食生活」の利便性確保と「高齢者」に優しい街づくりを目指す商店街活性化事業		
認定日	2010年6月21日	事業実施期間	2010年8月〜2013年3月
地域住民ニーズ	・コミュニティや賑わいの創出、地域住民が気軽に集まれる場所 ・食品スーパー、惣菜ショップ、農産物直売所		
地域課題	日常的な買い物場所とコミュニティの形成		
事業内容	・農産物直売所の運営（新規） ・惣菜ショップ及びたまり場の運営（新規） ・高齢者楽々サービス事業（新規）		
数値目標	・商店街の来街者数 平日：307人→322人（2009年→2012年） 休日：201人→211人（2009年→2012年）		

注1：網掛け部分は地域内連携に基づいて実施されている事業。
注2：本事業計画から初めて実施された事業は「(新規)」と併記。
出所：中小企業庁ウェブサイト「認定商店街活性化事業計画の一覧」、ヒアリング調査提供資料「商店街活性化事業計画に係る認定申請書」をもとに作成。

的な運営手法は次の通りである。すなわち、運営主体である小千谷市東大通商店街振興組合が店内に販売ブースを設け、協力農家は自ら値付けした野菜を持ち込み、陳列する。利益分配としては、消費者の購入代金から販売手数料を小千谷市東大通商店街振興組合が差し引き、残額を農家に支払う。なお、旧店舗の家族が販売管理者として常駐している。

　一方、惣菜ショップおよび交流施設については、商店街内にある廃業した旅館（旧中島屋）を改装して開設した。1階を惣菜ショップ、2階の大広間を多世代交流館「よりどころ」として運営している。惣菜ショップでは、農産物直売所の野菜などを原材料としたサラダや野菜炒め、魚のフライや煮付けなどを提供している。

　旧中島屋の2階で運営している多世代交流館「よりどころ」は、地域住民が食事や会話ができる場所として、また歌謡教室「歌声サロン」や書道教室、フリーマーケットといった様々なイベントの開催場所として運用されている（図

125

図6-8　惣菜ショップ（左）と多世代交流館（右）
出所：2015年2月25日筆者撮影。

6-8）。

　高齢者楽々サービス事業は、商店街や病院などの生活拠点を回る循環バスの運営が主要事業である。小千谷総合病院、商店街の野菜直売所、住宅地などの計10か所に停留所を設けた。現状としてはドライバーの人数が少ないため、1日当たりの運行本数には限りがあるものの、1便片道で10～20人前後が利用するという。

　以上で整理してきた小千谷市東大通商店街振興組合の地域内連携の構図は図6-9のようになる。効果の一端として、地域商店街活性化法の事業計画に明

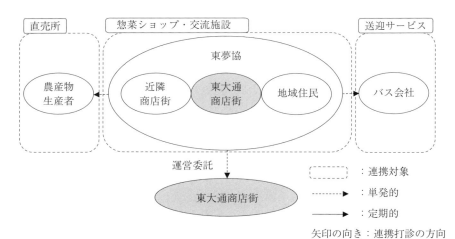

図6-9　小千谷市東大通商店街振興組合の地域内連携の構図

第6章　インフォーマルな連携による事業活動の展開

記した数値目標（歩行者通行量）と、東夢協が独自に実施したアンケート調査[2]から次のような結果が得られる。まず、歩行者通行量については、2009年の数値（平日：307人・休日：201人）から、実施計画終了時の2013年には5％増加させることを目標としていたが、ともに500人で目標を達成したという。また、2014年に東夢協が実施したアンケート調査によると、「充実してほしい施設」として「スーパー」の回答の割合が、前回調査の90％から35％に減少した[3]。地域の課題であった買い物場所の整備や地域住民同士の交流機会の創出を通じて、いくつかの指標から見ると一定の効果を上げている可能性が示唆された。

　このように整理すると、買い物環境の整備や地域住民の交流機会の創出を目指すにあたり、この地域課題を抽出する段階から地域住民が参画し、事業計画の立案、事業運営から成果のフォローアップまで、結果として一貫した連携関係のもと取り組んでいるという見方ができるかもしれない。

　しかし、事業が始動したあとは、東夢協および商店街の特定のメンバーを中心に事業活動が担われている。東夢協は組織として活動しているわけではなく、有志のメンバーに依存して事業活動を実施している状況にある。その意味では、事業計画策定から事業開始までの一時的な連携関係とみなすことができるだろう。

　したがって、前項の事例と同様に、継続的な運営のための人材確保や事業の収益性の問題を抱えている状況にあるといえる。

3．呉中通商店街振興組合（広島県呉市）

（1）呉市と市内小売業の概況

　呉市は広島県南西部に位置し、本州と瀬戸内海の6つの島で構成されている。呉市の港湾一帯は、明治期に海軍工廠が設立されて以降、戦時中は海軍の拠点としての役割を果たしてきた。

　現在のJR呉駅の近くには、当時、海軍練兵場や呉鎮守府などが建てられ、同市の市街地は海軍の関連施設を起点にして形成されてきたという歴史的背景を有している。戦後は、臨海工業地帯として、主に造船・鉄鋼・機械などの重工業を中心に産業が発展してきた。

127

鉄道や高速道路など交通網の未整備期は、広島市など周辺市への消費流出が現在と比べて少なく、中通地区は呉市内の小売商業の中心的な役割を果たしていた。

　1960年代には「大呉百貨店」が出店し、開店当時は地元資本のスーパー「やまてや」(1972年に「山陽ジャスコ」として合併) がテナントとして入居していた。なお、現在は撤退しており、数回のリニューアルを経て専門店ビル「クレアル」として運営されている。しかし、呉駅周辺に「ゆめタウン」や「クレスト」などの大型商業施設が整備されたことの影響などを受けて、中通地区にある商店街の衰退傾向が続いている。

　呉市の小売業は、本項の分析対象である呉中通商店街振興組合がある中通地区に個人商店が集積してきたことで、自然発生的に複数の商店街が生成されて

表6-5　呉市の小売構造の変化 (2002年～2014年)

年	事業所数 (店)	従業者数 (人)	販売額 (百万円)	売場面積 (m^2)
2002年	2,550	13,803	197,849	231,805
2004年	2,539	13,222	191,677	236,273
2007年	2,727	14,359	221,368	308,985
2014年	1,791	10,505	187,545	218,753

出所：経済産業省「商業統計」各年版をもとに作成。

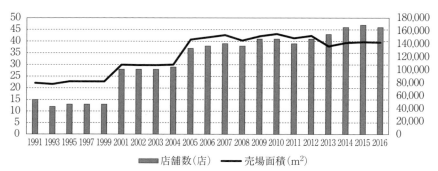

図6-10　呉市内の大型店の店舗数・売場面積の推移

注：大店立地法改正前は売場面積3,000m^2以上 (第1種)、改正後は1,000m^2以上の店舗が対象。
出所：「全国大型小売店総覧」東洋経済新報社、各年版をもとに作成。

第6章　インフォーマルな連携による事業活動の展開

きた歴史を有している。

　ここで呉市の小売商業について、表6-5において2002年から2014年までの推移を見ると、いずれの数値も長期的には減少傾向にある。

　その一方で、図6-10に示した同期間の大型店の店舗数と売場面積が微増していることを踏まえると、呉市内の小売店舗の売場効率が低下傾向にあることがうかがえる。

（2）呉中通商店街振興組合の概要

　呉中通商店街振興組合は、JR呉駅から北東に約3km離れた位置に立地している。前述のように軍港の名残で軍関係の施設が駅前にあったため、駅前に商店街ができにくい地域的な環境であったことが影響しているという。なお同商店街は、路面が煉瓦で整備されているため、「れんが通り」とも呼ばれている（図6-11）。

　同市の中心部である中通地区を含む中央地区には、呉中通商店街振興組合を含めて6つの商店街（中通商店街、本通商店街、市役所通商店街、劇場通商店街、花見橋通商店街、三和通商店街）があり、「呉市中央地区商店街」という連合組織を立ち上げている。主な活動として、定期的に会合を設けて商店街の今後のあり方を検討したり、集客や販売促進のためのイベントや集会を企画・開催したりしているという。

　また、2003年に呉商工会議所が母体となり設立された呉TMOでも「まちおこし特別委員会」を設置し、防犯カメラの設置や学生イベントの支援などを実施してきた。しかし、呉TMOの業務は呉商工会議所の担当職員が兼務してい

図6-11　呉中通商店街振興組合

出所：2015年9月25日筆者撮影。

129

たため、TMO としての業務が時間的に制約されるという課題が残されていた。

そこで呉 TMO では、独立行政法人中小企業基盤整備機構の「タウンマネージャー派遣事業」を活用し、2005年より専任のタウンマネージャーとして、中小企業診断士の資格を有する専門家派遣を受けることになる。その後、呉 TMO は「NPO 法人タウンマネジメントくれ」を設立し、同 NPO は空き店舗対策事業や商店街マップの作成、住民参加型イベントの開催などに取り組んでいたが、2015年に社員総会の決議を経て解散している。

現在、呉市中央地区商店街で行われる主なイベントは、夏に行われる土曜夜市、秋に行われる地元の戎神社まつりである。しかし、多くの商店主が高齢化しており、これらのイベントの運営を担う人材が不足しているのに加えて、いまの代で店を閉める予定の組合員が圧倒的に多い。そのため、商店街として既存の商店街活動を継続する一方で、外部の団体とともにイベントなどのソフト事業を商店街で実施していく方向に舵を切ろうとしている状況にあるという。

（3）連携の特徴と成果

呉中通商店街振興組合が認識していた最も重要な問題は、アーケードの老朽化であった。同商店街では、1990年に全長約420m のアーケードを設置したが、近年はドーム部分の素材が風化して雨漏りが起きる状態になっていた[4]。そのため、安全の問題はもちろんであるが、天候によってイベントが実施できないという問題も決して小さくなかった。しかし、同商店街はアーケードを設置する際に高度化資金を活用していたため、当時の返済義務を現在加盟している組合員だけで負わなければならない。とても自己負担では改修できない財務状況であった。

2000年代後半、呉中通商店街振興組合は、アーケードを改修するための補助を受けるために、呉市と中心市街地活性化法の認定申請について相談をはじめていた。その結果、中心市街地活性化基本計画の認定申請を前提として、アーケード修繕費用の負担割合について合意したという。その割合であれば、商店街の負担分については内部留保で対応できる金額であった。しかし、中活エリアの設定などの調整が難航したため、最終的に頓挫した。

以上のような背景のなかで、呉市から地域商店街活性化法の紹介を受けて、

アーケードの改修を主な目的として認定申請に至ったのであった。呉中通商店街振興組合は、地域商店街活性化法の認定計画のなかで「高齢化に対応した買い物空間づくり」を地域課題として設定した。同商店街の認定計画の概要は表6-6の通りである。

近年、呉市では人口減少に伴う小学校の統廃合などによって生じた跡地に高層マンションの建設が進んでいる。その背景には、高度経済成長期に郊外に転居した団塊の世代が、都市機能が集積する中心部のマンション等に移り住むという事情がある。また、広島市内等へ通勤するサラリーマン世帯が入居することも多いという。

こうしたことから、中央地区の老年人口の割合が増加し続けることが予想されているため、彼らに対応した空間にすると同時に、その子供や孫の世代も利用しやすい環境を整備することを目指した。

表6-6　呉中通商店街振興組合の認定計画の概要

事業名	商店街を活用したコミュニティ空間形成事業		
認定日	2011年10月9日	事業実施期間	2009年10月～2014年3月
地域住民ニーズ	・商店街を含めたまちの活力向上 ・老朽化した路面及びアーケードを含めた商店街の改修整備		
地域課題	高齢化に対応した買い物空間づくり		
事業内容	・アーケード改修（新規） ・アーケード改修記念イベント「ストリートウェディング」（新規） ・「黒マント団 忍者まちを走る」イベント（新規） ・ボトルキャップ回収ボックスの設置・エコイベント（新規） ・高齢者コミュニティセンター開設（新規） ・「ヤマトギャラリー零」整備（新規）		
数値目標	・商店街の休日通行量：39,072人／日→40,200人／日（2007年→2013年） ・商店街全体の販売額の増加：106億円→106億円（2007年→2013年）		

注1：網掛け部分は地域内連携に基づいて実施されている事業。
注2：本事業計画から初めて実施された事業は「（新規）」と併記。
出所：中小企業庁ウェブサイト「認定商店街活性化事業計画の一覧」、ヒアリング調査提供資料「商店街活性化事業計画に係る認定申請書」をもとに作成。

以下では、この課題を解決するために地域内連携をもとに計画したイベント「黒マント団忍者まちを走る」、ミュージアム「ヤマトギャラリー零（ZERO）」および「トレーニング・カルチャー交流施設」の開設について検討していきたい。

　イベント「黒マント団忍者まちを走る」は、地域商店街活性化法の認定申請から立案された新規事業である。子育て支援NPO「呉こどもセンターNPO YYY」から提案を受けて、年1回、主に小学生を対象にした次のようなイベントを実施している。NPOが忍者修行と称して用意した「謎解き」を目指して、参加者がキーワードを頼りに商店街の店舗を訪問する。店主から地域や商店街などに関するヒントをもらうために商店街の様々な店舗を巡ることで、小さい頃から店主たちと交流しながら店舗や商店街、地域のことをより深く知ってもらうことを目的とする取り組みである。このイベントは現在も続いており、2000円の参加費用がかかるものの、毎年100人前後の応募があるという。

　次に、ミュージアム「ヤマトギャラリー零（ZERO）」についてである。NPO「くれ街復活ビジョン」から、ミュージアム「ヤマトギャラリー零」を商店街に開設したいと提案があった。商店街内の空き店舗を活用して、JR呉駅前にある「呉市海事歴史科学館」（大和ミュージアム）名誉館長である松本零士の作品を紹介するパネルや関連図書、模型などを展示することを目的とする施設である（図6-12）。また、松本零士の作品や宇宙等に関する書籍を自由に読めるコミュニティカフェ、創作活動等に利用できる多目的ルームも備えている。

　商店街としては、年間約80万人が来館する大和ミュージアムと連携すること

図6-12　ヤマトギャラリー零

出所：2015年9月25日筆者撮影。

第6章　インフォーマルな連携による事業活動の展開

で、同館が立地する呉駅周辺に訪れる観光客を商店街に呼び込んで集客につなげるという意図を持っていた。

　最後に、「高齢者コミュニティセンター」については、当初、呉市から社会福祉協議会が厚生省の予算で実施している介護予防の事業を「クレアル」の6階の空き店舗で開催する計画であった。しかし開設に向けて協議に入ると、家賃等のランニングコストは徴収できない条件であったため実現には至らなかったという。

　その後、商店街の近くにあるスポーツクラブ「ペアーレ宝町」が閉館することがわかる。スポーツクラブは固定客が見込めるため、商店街はコミュニティセンターの開設を見送っていた状況であったことから、規模を縮小して事業を継承することになった。同施設のほかにも講義室や多目的室が併設されている。なお管理運営は、呉中通商店街振興組合の全額出資子会社「株式会社ペアーレれんがどおり」が担っている。

　具体的な内容としては、ペアーレれんがどおりが呉中通商店街振興組合と連携して、商店街マップの作成、会員証による商店街での割引、商店街の店主が講師となるプログラムの実施などにより、商店街と利用者との接点を増やしている。また、高齢者向けに囲碁教室や絵手紙教室なども開催している。

　このように、呉中通商店街振興組合は「高齢化に対応した買い物空間づくり」を目指して、様々な事業を実施してきた。各事業における呉中通商店街振興組合と外部主体との連携の構図を整理すると図6-13のようになる。

　しかし、とりわけ忍者イベントやミュージアムの対象は小さい子供がいる世代や団塊世代向けである一方、商店街の日常的な顧客層は高齢者が多いという。そのため、イベントの効果に疑念を持つ組合員もいるようである。

　事業計画における数値目標では、休日の歩行者通行量を2005年度の39,072人から5％増加（40,200人）させ、商店街販売額を2007年度の106億円を維持するとしていた。結果として、歩行者通行量は3年目までは増加していたものの、最終年度の2013年度は26,593人となり、結果として目標は達成されていない。商店街販売額は一貫して減少し、こちらも目標値には届かなかったという。

　その要因のひとつとして、高齢者層の顧客の減少がある。呉中通商店街振興

133

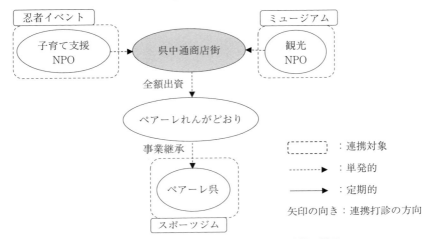

図6-13　呉中通商店街振興組合の地域内連携の構図

組合では、もともと高齢者層の売上単価や購買頻度が比較的高い傾向にあった。そのため、介護施設に入居したりして数名が来店しなくなるだけで、店舗の売上が大幅に落ちるような状況もあるという。

第2節　「インフォーマル—フレキシブル」タイプ

1．中島商店会コンソーシアム（北海道室蘭市）

（1）室蘭市と市内小売業の概況

室蘭市は北海道の南西部にある絵鞆半島に位置している。絵鞆半島の内側には室蘭港があり、その周辺に工業地帯が形成されている。工業地帯の南西に市役所などの公共施設が集積する市の中心部がある。

室蘭市内の交通網としては、市の中心部にJR室蘭駅が、工業地帯の東側に面している中島地区にJR東室蘭駅がある。また幹線道路として、JR室蘭本線に沿うように国道36、37号線がある。また路線バスが運行しており、これらが周辺地域に暮らす住民の足としての役割を果たしている。

明治期以降、室蘭市は、鉄鋼業を中心とする工業都市として発展してきた歴

史を持ち、とくに新日本製鐵や日本製鋼所の企業城下町として栄えてきた。そのため、高度経済成長期からバブル期にかけて、大規模な社宅や系列病院が建ち並んでいた。当時病院で勤務していた医者が独立して開院している場合が多く、同地域には診療所等が密集している。同市の人口は、最も多かった1969年には約18万人であったが、2016年現在は約9万人である。中島商店会コンソーシアムがある中島地区の人口は約2万人である。

中島地区の小売業は、こうした工業都市としての成長に支えられて拡大してきた。1977年に百貨店「長崎屋」が出店し、1980年には「丸井今井」が同地区に移転してきた。さらに1981年には、「ジャスコ」や「アークス」といった大型店が、室蘭港近くの日本製鋼所の跡地に出店するなど、とくに1980年代以降、中島地区に立地する小売業を取り巻く環境は大きく変化してきた。

しかし、2010年、モータリゼーションの進展やバブル崩壊に伴う景気低迷などの影響を受けて、中島地区の商店街の核としての役割を果たしていた「丸井今井」が閉店した。その跡地には、家電量販店が出店しているものの、商店街への回遊性は低く、商店街の現場では影響が懸念されている。

ここで、室蘭市全体の小売業の推移を概括的に確認したい。表6-7を見ると、2002年から2014年の間で、事業所数はおよそ6割まで減少している。他のいずれの項目についても、長期的に減少傾向が続いている。また、市内における大型店の出店状況を見てみると、大店立地法が制定された2000年から2001年にかけて20店舗近く増加した。その後、店舗数は2014年までほぼ横ばいに推移している（図6-14）。

表6-7　室蘭市の小売構造の変化（2002年〜2014年）

年	事業所数（店）	従業者数（人）	販売額（百万円）	売場面積（m²）
2002年	1,101	6,986	110,153	136,374
2004年	1,034	6,732	112,748	139,026
2007年	918	6,435	96,524	143,243
2014年	595	4,561	96,467	108,427

出所：経済産業省「商業統計」各年版、「経済センサス」（平成24年）をもとに作成。

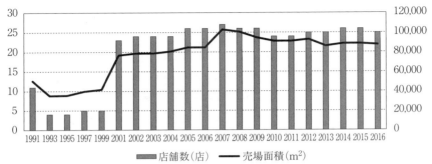

図6-14　室蘭市内の大型店の店舗数・売場面積の推移
注：大店立地法改正前は売場面積3,000m²以上（第1種）、改正後は1,000m²以上の店舗が対象。
出所：「全国大小売型店総覧」東洋経済新報社、各年版をもとに作成。

（2）中島商店会コンソーシアムの概要

　中島商店会コンソーシアムは、4つの商店街振興組合と、それぞれが加盟する商店会（なかじま商店街振興組合、中島中央商店街振興組合、シャンシャン共和国商店街振興組合、中島西口商店街振興組合、中島商店会）で構成されている。中島商店会コンソーシアムは、JR東室蘭駅から南北に約900m、そこで交差する国道37号線の東西に約550mに渡り、L字で連続するように位置している。組合員数は合計約200店舗で、呉服・衣料品や雑貨などの買回り品を取り扱う店舗を中心に構成される広域・超広域型商店街である（図6-15）。

図6-15　中島商店会コンソーシアム「ふれあいサロンほっとな～る」
出所：2015年5月7日筆者撮影。

第6章　インフォーマルな連携による事業活動の展開

　従来から、中島商店会コンソーシアムを構成するこれらの商店街は、個別の
イベントを中心に事業活動を実施してきた。なかじま商店街振興組合では、
1983年から、商店街のシンボルロード「なかじまアイランド通り」で「なかじ
まアイランド収穫祭」が開催されている。毎年10月、トウモロコシの早食いや
ジャガイモ袋詰めタイムサービスなど、秋の味覚を感じる食のイベントが開催
されている。中島西口商店街振興組合では、1985年から「ウエストサマーフェ
スティバル」を開催している。このイベントは、毎年7月に仮装盆踊り大会や
屋台を出店するものである。また、シャンシャン共和国商店街振興組合では、
2011年から「シャンシャン・フリーマーケット」やビアガーデンを開催してい
る。さらに隣接する中島中央商店街振興組合との共同イベントとして、加盟し
ている飲食店を中心に屋台を出店する「中島天国祭り」を開催している。

　しかし、各商店街は、組合員の減少や後継者難などにより弱体化が進んでい
た。そのため、次第に商店街活動や事務を担当する役員の負担が増していくこ
とから、いずれ商店街ごとの事業活動は限界がくるという認識が共有されてい
た。こうした問題に対応するため、5つの商店街組織の事務局機能を一体的に
担うことで、各組織の負担を軽減しながら横断的な関係を構築できるように設
立されたのが中島商店会コンソーシアムである。

（3）連携の特徴と効果

　中島商店会コンソーシアムは、2010年、北海道からの受託事業である「緊急
雇用対策・商店街等連携活性化推進事業」を活用して設立された。その主要な
目的は次の2点である。

　第1は、前述した事務局機能の集約である。各商店街は、組合員の高齢化や
後継者不足などによって組織が弱体化していた。そこで、各種業務を専任で担
う人材の確保、また商店街間あるいは商店街と外部主体との間で連携体制を構
築するために事務局が設立されることになる。具体的には、はじめに商店街代
表者、行政や大学教員、自治会代表者らで事務局準備会を組織した。そのうえ
で「連携事務局設立部会」、「連携実態調査部会」、「収益事業検討部会」という
3つの部会を設け、商店主および利用者アンケート調査を実施するなどして、
事務局設立に向けて具体的な準備を進めていった。そして北海道から助成金

137

340万円を受け、3階建てのビルの1階の空き店舗を活用して、コミュニティスペース「ふれあいサロンほっとな〜る」を開設し、そこに「活性化事業運営事務局」および「現地運営マネージャー」を配置した。

　第2は、連携事業などの実証実験である。具体的には、空き店舗を活用して買い物客や地域の生活者が休憩するために利用する「ふれあいサロンほっとな〜る」の運営や、チャレンジショップの運営などである。「ふれあいサロンほっとな〜る」は、バス待合や休憩所、フリースペースとして開放している。たとえば、買い物客や通院帰りの高齢者などが休憩するための拠点や、市民サークルや近隣にある室蘭工業大学の学生などがイベントで利用したり、各種展示会や催事などの文化活動の場として活用されている。

　また、同施設内では、起業を目指す創業者を対象に、チャレンジショップとしてのスペースを提供している。現在までに洋服店や雑貨店、飲食店などが出店したという。なお、これらの事業は、のちに地域商店街活性化法の事業内容として組み込まれることになる。

　さらに次年度には、北海道の「商業活性化計画づくりバックアップ事業」を活用し、前年度の実証実験に基づいてより詳細な事業計画を策定した。そのなかで、各商店街が一体的に取り組む課題として、次のような点が挙げられた。

　ひとつは、商業集積としての集客を、商店街に繋げられていない点である。すなわち、中島地区の各商店街の街区には、「ドン・キホーテ」や「ヤマダ電機」などの大型店のほか、近隣には大型商業施設「モルエ中島」が立地している。また、中島地区の最寄り駅である東室蘭駅の乗降客数は1日2,000人以上であり、各商店街は通勤途中に位置している。しかし、こうした各所の利用者が商店街の店舗に来店することは決して多くないという。人通りはあるものの、商店街の集客には繋がっていないというわけである。

　もうひとつは、高齢者や学生のニーズに対応していない点である。前述のように、診療所などが多い地区であるため、通院している高齢者が多い。また、近くに室蘭工業大学があり、中島地区の商店街は通学途中にある。そのため学生を中心とした若者も多い。しかし、高齢者世代が休憩しながらゆっくり買い物できる環境や、若者のニーズに対応した取り組みをしているとはいえない状況にあった。なお、事業計画は北海道や北海道経済産業局、「商業活性化計画

第 6 章　インフォーマルな連携による事業活動の展開

づくりバックアップ事業」をサポートしていた道内のコンサルティング会社の協力のもと作成し、2012年度の４月に認定を受けることになる。

　こうした組織設立や事業計画策定を経て、中島商店会コンソーシアムでは、地域商店街活性化法を活用して、地域内連携に基づいて「一店逸品×マップ×スタンプラリー」、「ほっとな〜る講座」、「ミニまち歩きツアー」が実施されている。同商店街の認定計画の概要は表 6-8 の通りである。

　「一店逸品×マップ×スタンプラリー」は、飯塚市本町商店街振興組合の事例にもあった一店逸品運動と、参加店舗でスタンプを集め抽選会に参加するスタンプラリー、そして中島商店会コンソーシアムと室蘭工業大学の学生とで制作した商店街マップのことである。

　一店逸品運動とスタンプラリーについては、まず参加店舗の商品・サービスやスタンプラリーの開催について掲載した冊子「中島日和」を発行した。各店舗のおすすめの逸品を掲載。スタンプラリーは、冊子に掲載されている店舗のうち３店舗分のスタンプを集めると、年金支給日に合わせて実施する抽選会に

表 6-8　中島商店会コンソーシアムの認定計画の概要

事業名	ふらっとホットな〜る中島事業		
認定日	2012年４月13日	事業実施期間	2012年４月〜2014年３月
地域住民ニーズ	・個性的な商品や新しい商品の充実 ・ギャラリー ・地域住民が気軽に参加できるサークル活動・各種教室を開催できる場		
地域課題	近隣に暮らす高齢者や学生のニーズへの対応		
事業内容	・一店逸品×マップ×スタンプラリー（新規） ・ほっとな〜る講座（新規） ・ミニまちある歩きツアー（新規）		
数値目標	・商店街の通行量：3,829人／日→4,196人／日（2011年→2014年） ・売上高：「2011年に比べて0.04％増」		

注１：網掛け部分は地域内連携に基づいて実施されている事業。
注２：本事業計画から初めて実施された事業は「（新規）」と併記。
出所：中小企業庁ウェブサイト「認定商店街活性化事業計画の一覧」、ヒアリング調査提供資料「商店街活性化事業計画に係る認定申請書」をもとに作成。

図6-16　一店逸品運動の冊子とスタンプラリーの様子
出所：中島商店会コンソーシアム査提供資料。

応募できるという仕組みである（図6-16）。

　商店街マップは、室蘭工業大学で美術やデザインを専攻している学生が、「土日も楽しい商店街マップ」や、歩数や距離を参考にして中島商店会コンソーシアムから主要な施設まで歩いたときの消費カロリーや学生がすすめる飲食店が紹介されている「食楽ヘルシーマップ」を作成した（図6-17）。

　マップの裏面には、以下で触れる「ほっとな～る講座」の日程などが掲載されている。これらの商店街マップは、事業計画を作成する前のワークショップのなかで学生が提案したものである。実施期間の初年度に、実際に店舗を利用して掲載したい情報を集め、計1万部発行したという。

　「ほっとな～る講座」は、中島商店会コンソーシアム「ふれあいサロンほっとな～る」で開催される市民講座である。デジタルカメラの使い方や子供向けの絵画の描き方など、専門知識を持つ地域住民が講師となって講座が行われ

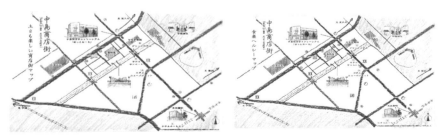

図6-17　土日も楽しい商店街マップと食楽ヘルシーマップ
出所：中島商店会コンソーシアムのウェブサイトより。

第6章　インフォーマルな連携による事業活動の展開

る。現在は、専門家を招いて、女性を対象にした美容講座、高齢者世代を対象にしたそば打ち講座、医師や看護師を講師に迎えた健康講座などに発展している。

また「ミニまち歩きツアー」は、中島地区の各商店街の魅力や個店を認知してもらうことを目的に実施。ツアーは5人前後のグループで実施している。中島地区の自然や歴史を体験したり、地産地消に取り組む飲食店を訪問したりするなど、多様な内容で開催されている。

以上のように、中島商店会コンソーシアムでは、高齢者や学生への対応を強化するにあたり、北海道の既存事業を活用して事務局機能を強化しながら、上記の事業を継続的に実施してきた。各事業における地域内連携の構図は図6-18のようになる。

その効果として、事業計画における数値目標では、通行量を2011年の数値（1日：3,829人）から、事業実施後の2013年には9.6％増加（4,196人）させ、4商店街全体の売上高を2011年の数値（約167億2200万円）から0.04％増加（約167億2800万円）させるとしていた。

事業実施後、通行量は4,828人で目標を達成したという。また、空き店舗が19店舗減少するという結果にもつながった。一方で売上高については、新規出

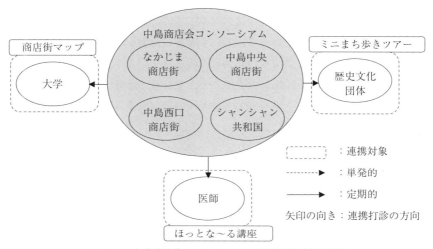

図6-18　中島商店会コンソーシアムの地域内連携の構図

店や閉店などによる店舗の入れ替わりによって、前回調査したときと商店街の業種構成が変わったため、全体の売上高を把握する必要性を感じないなどの理由から、同様の調査を行うことができなかったという。

一方、各事業を継続していくなかで、「ほっとな〜る講座」では医師会との連携による健康講座、「ミニまち歩きツアー」では歴史文化団体などとの合同ツアーなどに発展している。

さらに、前述のように地域の拠点としてサロンを開放して、そこに窓口として事務局の事務所も設けている。それをきっかけにして、おむつ替えのスペースの増設、車いすやベビーカーの無料貸出が開始されたり、学生が「ふれあいサロンほっとな〜る」で様々な世代と交流するなかで気づいた点などを参考に、健康をテーマにした「まちを歩こう中島商店街健康マップ」が制作されたりする活動にも繋がったという。

このように、中島商店会コンソーシアムの事例は、事業を実施していくなかで追加的に顕在化した地域住民のニーズに機動的に対応しながら、事務局を窓口として日常的に利用者との接点をもつことにより、小さな活動レベルでも発展的に利用者の要望に対応しているところに特徴があるといえる。

2．飯塚本町商店街振興組合（福岡県飯塚市）

（1）飯塚市と市内小売業の概況

飯塚市は福岡県中部に位置している。北と南は遠賀川流域の平野として開かれているが、東と西は関の山や三郡山地に囲まれている。

市内にはJR筑豊本線が南北に通り、中心市街地には新飯塚駅と飯塚駅がある。道路網は、筑紫野市と北九州市をつなぐ国道200号、福岡市と行橋市をつなぐ国道201号、飯塚市から日田市につながる国道211号が市街地で交差している。飯塚市から福岡市や北九州市など主要都市への所要時間は、車・鉄道ともに1時間以内である。

飯塚市がある地域は、江戸時代、長崎街道沿いの宿場町として栄えてきた。明治時代以降は、石炭資源の採掘地として発展してきた地域である。1900年代には八幡製鉄所や三井・三菱などの財閥系が炭鉱を開発し、日本最大規模の炭鉱町が形成されてきた歴史を持つ。そこで採掘された石炭は、市内を流れる遠

第6章　インフォーマルな連携による事業活動の展開

表6-9　飯塚市の小売構造の変化（2002年～2014年）

年	事業所数（店）	従業者数（人）	販売額（百万円）	売場面積（m²）
2002年	1,148	5,987	83,038	104,904
2004年	1,195	6,191	90,053	109,931
2007年	1,650	9,494	149,863	206,832
2014年	923	6,334	116,360	162,041

出所：経済産業省「商業統計」各年版をもとに作成。

賀川を利用して、工業地帯であった北九州市に運搬されていた。

　しかし、石炭産業が徐々に衰退していくと、炭鉱は閉山し、市内の生産年齢人口の多くを占めていた炭鉱労働者が大量に流出した影響を受けて人口減少が急速に進展していった。

　飯塚市の人口は、2015年現在、約13万人である。しかし、近年、大学が移転してきたことなどから若年層の人口が増加傾向にある[5]。なお、飯塚市本町商店街振興組合があるDID地区の人口は約4万人である。

　飯塚市内の小売商業の推移を概括的に確認したい。表6-9を見ると、2002年からの10年間で、事業所数は微減傾向である一方で、年間商品販売額と売場面積は1.5倍以上の規模に拡大していることがわかる。

（2）飯塚市本町商店街振興組合の概要

　飯塚市本町商店街振興組合は、長崎街道飯塚宿の街道筋にあり、食品や日用品などの最寄品、衣料品などの買回品を扱う約70店舗が軒を連ねる商店街である。同商店街は、高度化事業を活用して全蓋アーケードを設置している。

　主な商店街事業としては、飯塚市本町商店街振興組合と周辺の5商店街で構成される任意団体「飯塚市商店街連合会」を実施主体として、これまでに120年以上続く歳末大売り出し「永昌会」や、「ほんまち音楽ステージ」、「子供夜市」といったイベントなど、多様な事業が長期あるいは短期的に実施されてきた。

　しかし、1994年、中心市街地から1kmほど西の場所に「イオンショッピングタウン穂波」が開業すると、地域商業を担っていた中小小売商に大きな影響

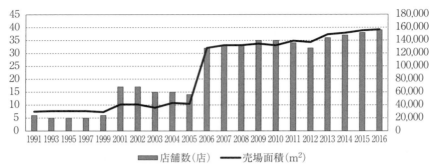

図 6-19　飯塚市内の大型店の店舗と売場面積の推移
注：大店立地法改正前は売場面積3,000m²以上（第1種）、改正後は1,000m²以上の店舗が対象。
出所：「全国大小売型店総覧」東洋経済新報社、各年版をもとに作成。

を及ぼした。また、図6-19にあるように、大規模小売店舗立地法（以下、大店立地法）の制定および改正による環境変化などを受けて、1998年には「西鉄飯塚バスセンター」の上層階にある商業ゾーンが閉鎖され、さらに翌年には飯塚市本町商店街振興組合内にあった百貨店「ダイマル」が倒産した。

　こうして、中心市街地の核となる商業施設が相次いで閉店した影響もあり、多くの地元の中小小売商が廃業に追い込まれ、中心市街地における商業集積の空洞化が進展していった。飯塚市本町商店街振興組合の空き店舗率は、2014年1月時点で約25％であった。全国平均である約14％と比較すると、同商店街は厳しい状況にあるといえる。

（3）連携の特徴と効果

　2009年、飯塚市本町商店街振興組合では中小商業活力向上事業を活用したアーケードの改修を予定していた。アーケードの一部で雨漏りが続き、支柱の腐食も進行していた。しかし、それでも同事業における自己負担は事業費の半額であることから、飯塚市本町商店街振興組合にとって負担は決して少なくなかったという。

　こうした状況のなか、2009年8月に地域商店街活性化法が施行された。商店街側から見ると、同法の認定を受けることによって、もともと計画していたハード整備に対する補助率が拡大するため費用負担が減る。一方、国や行政の

第6章 インフォーマルな連携による事業活動の展開

側から見ると、当時は法律が施行されたばかりであったため、同法を活用した事例を「先進事例」として全国的に普及させたいという思惑があったのかもしれない。その証拠に、九州経済産業局の担当者が飯塚商工会議所を訪れ、同法の活用を積極的に勧めていたという。当然、誰にとっても前例がない状況であったため、どのような事業計画を立案すればいいのか、事業の目標を設定すればいいのかについては手探り状態であったことは容易に想像がつくであろう。

こうして飯塚市本町商店街振興組合は、飯塚市および飯塚商工会議所の協力を得ながら、申請書を作成していった。

ところで、飯塚市本町商店街振興組合は単一の商店街組織で申請している。飯塚市内の商店街は、前述したように、飯塚市商店街連合会を事業主体として活動している場合が多い。したがって、商店街ごとにソフト事業の棲み分けがしにくい状況であるため、連合会での申請が現実的であったと思われる。しかし、当時は連合会単位で申請できることを商店街や商工会議所は認識しておらず、経済産業局や福岡県からも飯塚市本町商店街振興組合での申請を推奨されていたという。

いずれにしても、飯塚市本町商店街振興組合が地域商店街活性化法の活用を目指したのは、もともと予定していたアーケード改修といったハード整備に関する補助率を拡大することが主要な目的であった。

前述したような状況のなかで、飯塚市本町商店街振興組合は、地域商店街活性化法の認定を受けるわけである。同商店街の認定計画の概要は表6−10の通りである。そのうち以下では、地域課題である来街して楽しめる環境づくりを目指して、地域内連携をもとに取り組まれている「商店街サポーターズ事業」、「定期イベント事業」について検討する。

「商店街サポーターズ事業」は、飯塚市本町商店街振興組合が「飯まちサポーターズ会員」（以下、会員）を募集し、会員が商店街のイベントや売出し情報などを掲載する情報誌『飯まち探検隊』の制作に協力するという事業である（図6−20）。会員はその過程で店舗の取材を行ったり、『飯まち探検隊』の編集会議にも参加したりする。

こうした活動は、商店街と地域住民にとって次のような意味を持つ。商店街

145

表6-10　飯塚市本町商店街振興組合の認定計画の概要

事業名	訪れるたびに楽しさが感じられる商店街づくり事業		
認定日	2009年10月9日	事業実施期間	2009年10月～2014年3月
地域住民ニーズ	・楽しめる売り出しやイベントの開催による活気のある商店街 ・人が集え、憩えるコミュニティとしての機能を持つ商店街 ・旧宿場町としての風情あるまちづくり		
地域課題	来街者が楽しめる環境づくり		
主な事業内容	・商店街さるく事業 ・商店街サポーターズ事業 ・長崎街道宿場町イベント事業 ・観光事業		
数値目標	・商店街の通行量：3,829人／日→4,196人／日（2011年→2014年） ・売上高：「2011年に比べて0.04％増」		

注1：網掛け部分は地域内連携に基づいて実施されている事業。
注2：本事業計画から初めて実施された事業は「(新規)」と併記。
出所：中小企業庁ウェブサイト「認定商店街活性化事業計画の一覧」、ヒアリング調査提供資料「商店街活性化事業計画に係る認定申請書」をもとに作成。

図6-20　情報誌『飯まち探検隊』と「百縁市」
出所：飯塚本町商店街振興組合提供資料。

は、編集会議などを通じて、会員から地域住民としての声を直接聞くことができる。したがって、地域住民が冊子に掲載してほしいと感じている情報を知る機会になるだけではなく、商店街に求めているサービスや実施してほしいイベントなどの要望を聞くことができるかもしれない。また、会員を介して他の地域住民からの意見を伝え聞く場合もあるだろう。

第6章　インフォーマルな連携による事業活動の展開

　一方、会員として登録されている地域住民にとって、同事業は商店街や各店舗を知る機会になるだろう。日常的に利用している店舗でも、取り扱っている商品や商売に対する店主の想い、店主の人となりなどを知ることで、魅力を再認識したり、馴染みのない店舗に新たな利用動機を見出したりする可能性もある。

　また、こうした体験をもとにした編集会議等での会員の意見は、商店街にとって説得力のある情報になる。なお、『飯まち探検隊』は年に3回発行されており、2017年で11年目を迎えた。現在、約350名が会員に登録されているという。

　次に、「定期イベント事業」についてである。ここでは連携関係が見られるイベントの企画段階に着目する。

　従来から飯塚市本町商店街振興組合には販売促進委員会という組織があり、この組織を中心に売り出しなどのイベントが立案されていたという。しかし、2003年に発生した集中豪雨からの復興を目指すなかで、日常的に議論する場を設けて長期的な視点で商店街活動を考えていくために、2004年に「どうで商プロジェクト委員会」が設立した。同委員会には、販売促進委員会のメンバーに加えて、九州工業大学の大学教員や、高齢者や幼児の支援を行うNPO法人などが参加しているという。こうした連携関係によって、商店街は、前述の商店街サポーターズ事業と同様の効果を得ることが期待できる。

　なお、同委員会での議論から、以下のような商店街事業が企画された。具体的には、まず2009年に、第1回となる「百縁市」が開催された。いわゆる「100円商店街」のことで、参加店舗が店先や店内で100円の商品を販売する事業である。飯塚市本町商店街振興組合では、初回の百縁市は既存のイベントと比べて圧倒的に集客数が多かったという。

　また、同年、「一店逸品運動」を実施するため、専門家を招いて勉強会やワークショップを行った。2年近くの準備期間を経て、2011年に第1回「逸品フェア」を開催した。第1回は36店舗、第2回は40店舗が参加したという。なお、同イベントの波及効果を高めるため、年に4回「逸品お店回りツアー」も開催している。同ツアーには、毎回参加店舗の店主が持ち回りでツアーガイドとして帯同する。

147

上記の活動を重ねてきた結果、参加店舗の店主は、商店街内の他店舗の商品・サービスについて学習し、自店のそれを再考する契機になっているという。

　なお、定期イベント事業以外にも、特徴的な事業として「商店街マップの作成」が実施されている。これは各店舗の位置や住所、店舗の外観といった形式的な情報を掲載している既存の商店街マップではなく、地域住民の目線から情報を集めてつくるマップである。具体的には、地域住民が実際に商店街を歩いて、魅力的な店舗や店主について、直接訪れた体験をもとに利用したくなる情報を集め、持ち寄った情報をワークショップによって練り上げてマップを作成していく取り組みである。この取り組みの第一人者である専門家によれば、マップを作成する過程で、地域住民はその商店街やまちのことをより深く知り、愛着を持つきっかけにもなるという。近年、こうした商店街マップ作成の仕組みは商店街関係者や地方自治体から高い評価を受けており、全国各地で取り組みが広がりつつある。

　飯塚市本町商店街振興組合では、地域住民を中心に連携関係を構築することで、継続的に彼らと情報を交換できる機会がある。こうした機会を通じて、地域住民の一部は、商店街にとってともに地域を支え盛り上げていく仲間でありながら、より商店街を利用する動機を有する存在となる可能性がある（図6－21）。

　なお、上述したような連携に基づく商店街活動がもたらした商店街や周辺地域へ効果について検討するうえでは、事業計画のなかで設定された数値目標に加えて、およびヒアリング調査の際の商店街関係者の意見が参考になると思われる。

　まず、数値目標については、歩行者通行量の減少幅の縮小を掲げている。事業実施期間終了後の2014年の歩行者通行量を、2009年の90.3％とすることを目標にしていたが、実績は79.5％となり、当初掲げていた数値目標には到達していない（表6－11）。

　その一方、ヒアリング調査のなかで、「『商店街ツアー』の参加者にアンケート調査を実施すると反応が良い。他の事業を含めた商店主と消費者との意見交換を通じて効果が上がっているのかもしれない。」や「飯塚小学校から、商店

第6章　インフォーマルな連携による事業活動の展開

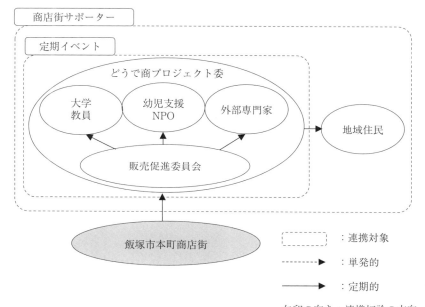

図6-21　飯塚市本町商店街振興組合の地域内連携の構図

表6-11　数値目標（歩行者通行量）の目標と実績

	2009年	2010年	2011年	2012年	2013年	2014年	2009年比
目標	10,717	10,288	9,979	9,779	9,682	9,682	90.3%
実績	10,717	10,489	9,204	8,655	8,865	8,521	79.5%

出所：ヒアリング調査提供資料。

街で卒業イベント「ありがとう会」をやりたいという依頼があった。商店街は小学校の通学路になっているが、日頃から小学生に快適な空間を提供できていなければ、こうした依頼にはつながらなかったのではないかと思う。」（飯塚市本町商店街振興組合理事長　前田氏へのヒアリング調査による）といった意見が挙げられた。

このように、あくまでも主観的な意見であるため、一般化するための分析枠組みに基づいた検証が必要ではあるものの、商店街や地域住民の意見から、一

定の成果を上げている可能性があることがうかがえる。

第3節　考察：分析から得られる示唆

　本章では、「インフォーマル—リジット」タイプと「インフォーマル—フレキシブル」タイプの事例分析を通じて、その実態と成果について探索的に分析してきた。結果として、各類型において次のような特徴があることが示唆できると考えている。

　「インフォーマル—リジット」タイプは、商店街の特定のメンバーを中心に商店街組織とは別に事業組織を立ち上げ、連携相手との固定的な関係を維持しながら事業活動をしている場合である。本項では、商店街の理事会の有志のメンバーでまちづくり会社を設立した釧路第一商店街振興組合と呉中通商店街振興組合、そして地域住民などが参画する協議会を立ち上げた小千谷東大通商店街振興組合が該当する。これらの事例に共通することは、事業内容や借入金などに対する商店街の合意形成の問題を回避して、機動的に活動できる組織体制を選択した点にある。それにより、ある程度の裁量を持ちながら事業活動を展開していた。そのなかで、小千谷東大通商店街振興組合は、地域課題とした買い物環境の整備や地域住民の交流機会の創出を目指すにあたり、この地域課題を抽出する段階から地域住民が参画し、事業計画の立案、事業運営から成果のフォローアップまで、結果として一貫した連携関係のもと取り組んでいたという特徴を有していた。

　しかし一方で、いずれの事例の事業活動も単発的な連携であり、また、組織設立から一定のメンバーによる固定的な関係のもとで事業活動を実施している。もともと事業活動の担い手の数が限られているため、新たな人材を見出していかない限り、事業活動の内容と組織体制が硬直的になる傾向があることも見受けられる。

　したがって、中長期的な視点で考える場合、人材が不足すると体制の新陳代謝が進まず、既存事業の業務で精一杯という状況に陥る可能性がある。さらに、本研究の事例では事業組織としてハード整備をしており、持続的な施設運営のためには民間事業者として収益を上げていく必要があるが、当初の収益計

第6章　インフォーマルな連携による事業活動の展開

画の見通しがあいまい、あるいは見通しが予想以上に厳しい状況に置かれている場合もあることが見受けられた。

一方、「インフォーマル─フレキシブル」タイプは、連携を志向する商店街の意欲的なメンバーを中心に、外部の組織や個人あるいは地域住民との関係を構築したり、彼らと構成する実行委員会などのインフォーマルなチームを立ち上げたりする場合である。

中島商店会コンソーシアムでは、事業を実施する段階において、当初は想定していなかった新たな外部主体と連携関係を構築することで、商店街が自身の活動を再検討する契機となる可能性があることが示唆された。具体的には、診療所などの医療機関や大学が集積しているという地域特性を活かして、「医商連携」や「商学連携」に取り組むなかで、追加的に顕在化してきた地域の課題に対応している実態が浮かび上がってきた。加えて、事務局の窓口を交流拠点となる施設に開放することで、日常的に利用者との接点をもつことにより、小さな活動レベルでも利用者のニーズや課題に発展的に対応しているという特徴も見受けられる。

また飯塚市本町商店街振興組合の事例では、地域住民に商店街広報誌『飯まち探検隊』の編集会議や店舗取材に参加してもらうことで、商店街としては地域住民の需要に沿う情報を掲載することができるとともに、地域住民としては商店街の魅力を再認識したり新たな利用動機を見出したりする可能性があることを指摘した。それにより、商店街からみた場合、こうした活動によって商店街と地域住民の間には、連携主体としての関係性だけではなく、利用者としての関係性も強化されるかもしれない。これらの事例は、機動的な体制を活かして、事業活動の内容を発展させることで、追加的に顕在化した地域住民のニーズに対応している点に特徴がる。

このように、事業組織にこだわらずに多様な連携相手を巻込むことができるため、定期的にコミュニケーションできる場合は有効となる可能性があると思われる。しかし逆に言えば、関係者が多岐にわたる場合、コンセプトと事業活動の調整が難しいことから、総花的な内容に陥る可能性も内包しているということができる。

以上の考察と第5章での議論を再整理して、地域内連携における4つの類型

151

表6-12　地域内連携の特徴

| | | 連携相手との関係 | |
		フレキシブル	リジット
接合の仕方	フォーマル	調整・推進タイプ	形式的計画タイプ
	インフォーマル	プロジェクトタイプ	事業組織タイプ

を改めて特徴づけると次のようになる（表6-12）。

　すなわち、「フォーマル─リジット」タイプでは、計画に基づいて事業活動を実施するときに限る、いわば「事業計画のため」の形式的な連携であり、事業活動の内容や連携体制は硬直的である。両者の継続的で定期的な関係のもとで、発展的な試行錯誤が見られるわけではない。そのため、こうした地域内連携のタイプは「形式的計画」タイプということができるだろう。

　また、「フォーマル─フレキシブル」タイプは、商店街組織、とりわけ事務局が地域内連携に基づく事業活動を支える「調整役」として、また情報を外部主体に積極的かつ継続的に提供し続けるなどの「推進役」として役割を果たすことが基盤となっている。こうした地域内連携のタイプは「調整・推進」タイプということになる。

　一方、「インフォーマル─リジット」タイプは、上記で確認してきたように、商店街組織とは別に組織を立ち上げて事業活動を実施する「事業組織」タイプの地域内連携と位置づけられる。

　最後に、「インフォーマル─フレキシブル」タイプは、商店街の意欲的な一部メンバーと外部主体で小規模のチームを立ち上げて活動する、いわば「プロジェクト」タイプとしての特徴をもつ地域内連携であるといえる。

　以上を踏まえて考察すると、地域の環境条件や課題の変化に対応していくためには、継続的でありながら変化に対応していくことが重要であることは明らかである。商店街組織として地域内連携を志向することもあるが、第5章のなかで触れたように、商店街組織体制が財政的にも人的にも充実している商店街は全国的に決して多くない。そのため、「調整・推進」型は比較的成果を上げていることが示唆されてはいるが、このかたちが可能である商店街は限られてくるだろう。

第6章　インフォーマルな連携による事業活動の展開

　一方、インフォーマルに地域内連携を志向する場合、「事業組織」型は、商店街組織として活動するときと比べて機動的に事業を展開しやすいことが優位な点として捉えられている。しかし、事業活動の内容と組織体制が硬直的になる可能性があること、施設などのハード整備を実施している場合は維持管理などのランニングコストを補う収益確保に苦労する可能性があることなどから、中長期的な実行体制の維持に課題があることがうかがえる。

　もちろん、上記のタイプのうち、どれかひとつが機能的な地域内連携の唯一の方法であるというつもりはない。それぞれの地域が置かれている外部環境や活動主体の事情などの地域特性を考慮すると、それぞれのタイプにおいて利点や難点があることは指摘してきた通りである。

　しかし、このようにして考えると、地域内連携の方向性としては、日常的に利用者などとの接点をもつことにより、多様な連携相手を巻込みながら、小さな活動レベルでも利用者のニーズや課題に発展的に対応していくことができるプロジェクトタイプのような連携のあり方が、今後の地域商業においては重要になると思われる。

1）　東夢協地域復興デザイン策定報告書には、同協議会の設立目的を「地域住民が中心となって、地域が抱える問題を、事業として継続的に取り組むことにより、地域の問題を解決」することと記載されている。

2）　東夢協が新潟県「中越大震災復興基金」の10周年事業として実施する、記念記録紙作成の参考にするために実施された。有効回答数は1,095件（配布総数：2,464、回答率：44.4％）であった（質問票は、東小千谷地区の11の町内会長を通じて町内の各世帯に配布した。回収は、町内会役員を通じて行われたか、郵送（受取人払い）のいずれかであった）。

3）　2007年調査との比較で、複数回答。他の選択肢（「気軽な飲食店」、「休憩場所・公園」、「医院・診療所」、「駐車場」、「高齢者交流施設」、「レストラン」、「文化施設」、「介護、デイケア施設」、「娯楽施設」、「イベント広場」、「趣味の店」、「託児・育児施設」、「専門店・ブランド店」、「コンビニ」、「そのほか」、「マンション」）は数ポイントの変化であった。

4）　昨今、全国各地でアーケードや防火建築帯などの各種施設の老朽化が深刻な問題になっている。たとえば、石原（2014a, 2014b）を参照されたい。

5）　なお、飯塚市は2006年に頴田町、庄内町、穂波町、筑穂町と市町村合併しているため、人口や以下の商業統計の数字には留意が必要である。

153

第7章 多様な主体との緩やかな連携による ネットワークの形成
―浜松市・ゆりの木通り商店街を事例として

第1節 本章の目的

これまで見てきたように、第5章と第6章では、地域内連携の特徴から分類した4つのタイプごとに、地域内連携に基づく事業活動の実態を明らかにしながら、それと成果との関連や連携関係を支える要因について考察した。その結果、端的に言えば、より継続的で実質的な地域内連携を展開するには、緩やかな連携により多様な主体と接点を持ちながら、小さな活動レベルでも利用者のニーズや課題に対応できる「プロジェクト」タイプのような地域内連携のあり方が重要になるという主張を導出した。しかし、地域商店街活性化法を活用していない商店街はサンプリングの時点で対象から外れているため、そのなかで地域内連携に基づいて意欲的に事業活動を実施している商店街が含まれていない。

そこで本章では、第5章と第6章の補完的な位置づけとして、静岡県浜松市にあるゆりの木通り商店街を対象に事例分析を行う。第4章における分析対象の選定過程で重要視したように、ゆりの木通り商店街は、地域商店街活性化法を活用していない商店街のなかでも、とくに多様な連携相手と積極的に事業活動を展開している。

さらに、ゆりの木通り商店街は次節以降で見ていくように「プロジェクト」タイプの先駆的な事例のひとつである[1]。また、建築家やアーティストなどのクリエイティブな主体と連携しながら文化的活動の拠点としての役割を果たすことで、こうした活動に興味をもつ新しい客層が商店街に訪れ、彼らのニーズ

第7章　多様な主体との緩やかな連携によるネットワークの形成

に対応するような新規出店を促進するという循環が生まれている。その意味においては、経済的要素と社会的要素の両立を実現しようとしている事例として捉えることができるだろう。

　本章では、そうしたプロジェクトタイプの地域内連携の実態を検討していくことで、それと成果との関連や持続的で実質的な連携関係を支える要因について考察する。

第2節　浜松市と市内小売業の概況

　浜松市は静岡県最西部に位置している。同地域の面積のほとんどが南側の平野部と北側の山間部で占められている。浜松市は、江戸時代に浜松城が築城されたことを契機として、東海道の城下町および宿場町として栄えた歴史を持つ。明治期以降は綿織物などの繊維産業が発展し、古くから工作技術の産業基盤が形成されてきたことなどから、高度経済成長期以降、その技術を基盤とする楽器、オートバイや自動車産業が集積する工業都市として発展してきた。近年は、光電子技術をはじめとする新たな産業分野も進出しはじめている。

　しかし一方で、紡績業などを中心に、生産コストの低下やリスク回避を目的に、生産工場を浜松市内から周辺都市や海外に分散化したり、あるいは撤退したりする工場も少なくない。そのため、工場が立地していた浜松市郊外に広大な工場跡地が残され、のちに用途変更を経て大型商業施設などが進出していくことになる。

　浜松市の中心市街地はJR浜松駅の周辺一帯に形成されている。同市の中心市街地は、1947年以降、戦災復興都市計画に基づく戦災復興土地区画整理事業により、現在の街並みの骨格が形成された。

　また、1980年前後のJRおよび遠州鉄道の高架化に合わせて行われた浜松駅周辺土地区画整理事業なども進められてきた。さらに、浜松駅周辺土地区画整理事業やJR浜松駅北口広場の整備をはじめ、商業機能の集積を図るとともに、浜松駅東街区の整備計画を推進する。1997年に、浜松地域テクノポリス都田土地区画整理事業が完工し、翌年に浜松市が掲げる諸構想の推進拠点として「アクトシティ浜松」が完成した。

155

その一方で、モータリゼーションの進展や工場跡地の増加などに伴い、郊外への大型商業施設の進出も加速した。この影響を受けて、中心市街地から相次いで大型商業施設が閉店・撤退したことにより、相対的に中心市街地の衰退傾向が顕著に表れるようになる。すなわち、中心市街地に最も多くの大型商業施設[2]が立地していた1991年には、「松菱百貨店」、「西武百貨店」（現在は跡地に「ザザシティ浜松」が出店）、「ニチイ」、「丸井」などが集積していた。

　しかし、表7-1で整理したように、1990年代以降、上記で挙げた店舗は業績が大幅に悪化したことにより、現在すべてが閉店・撤退している。その一方で、郊外にはショッピングセンターが工場跡地などに相次いで進出している。店舗面積8,000m^{2}以上に限定しても、1991年の3店舗から2016年には12店舗まで増加しており、店舗面積も数万m^{2}にまでなるショッピングセンターなどが出店している。なお、浜松市内における大型店の出店状況を図7-1で見ると長期的に店舗数と売場面積ともに増加傾向にあり、2012年以降の直近5年間は連続で増加している。

　このように確認すると、浜松市の中心市街地全体として見た場合、中心市街地に立地している小売業は厳しい縮退局面にあることがわかるだろう。浜松市が設定した中心市街地エリアの最北部に位置しているゆりの木通り商店街も決して例外ではない。

図7-1　浜松市の大型店の店舗数と売場面積の推移

注：大店立地法改正前は売場面積3,000m^{2}以上（第1種）、改正後は1,000m^{2}以上の店舗が対象。
出所：「全国大型小売店総覧」東洋経済新報社、各年版をもとに作成。

第7章 多様な主体との緩やかな連携によるネットワークの形成

表7-1 浜松市内の大型商業施設（店舗面積8,000m²以上）の立地状況 ※店舗面積順

立地	店名	店舗面積（m²）	核店舗
1991年			
郊外	ジャスコシティ浜松 S.C.	11,665	ジャスコ
	長崎屋 S.C. 浜松可美	11,214	長崎屋
	初住 S.C.	9,900	ユニー
中心市街地	松菱百貨店　　　　※2001年閉店	26,410	松菱百貨店
	西武百貨店　　　　※1997年閉店	22,585	西武百貨店
	遠鉄百貨店	21,300	遠鉄百貨店
	浜松 S. プラザ	15,100	イトーヨーカ堂
	宮竹 S. デパート　　※1997年閉店	9,322	ニチイ
	丸井　　　　　　　※2001年閉店	8,111	丸井
2016年			
郊外	イオンモール浜松市野	57,256	イオン
	イオンモール浜松志都呂	56,000	イオン
	浜松プラザ	51,394	ゼビオ
	プレ葉ウォーク浜北	44,000	ユニー
	カインズモール浜松都田テクノ	24,151	カインズホーム
	イオン浜松西 S.C.	22,364	イオン
	サンストリート浜北	19,553	西友
	カインズホーム浜松雄踏	17,853	カインズホーム
	MEGA ドン・キホーテ浜松可美	13,071	ドン・キホーテ
	DCM カーマ21浜松	12,368	DCM カーマ
	アピタ初生	12,014	ユニー
	東京インテリア家具	9,860	東京インテリア家具
中心市街地	遠鉄百貨店	22,900	遠鉄百貨店
	浜松駅ショッピング街	14,432	メイワン
	ザザシティ浜松	11,792	トイザらす

出所：「全国大小売型店総覧」東洋経済新報社、各年版をもとに作成。

第3節　地域内連携の特徴：プロジェクトタイプによる緩やかな連携

1．ゆりの木通り商店街の概要と主な活動

（1）ゆりの木通り商店街の概要

　ゆりの木通り商店街は、田町東部繁栄会、神明町繁栄会、事業協同組合浜松ショッピングセンターの3つの商店街で構成された任意組織である（図7－2）。かつて沿道にユリの木が植えられていたことが名称の由来であるという。旧東海道沿いに東西およそ600mに渡って延びている商店街であり、2016年3月時点でおよそ60店舗の加盟店で構成されている。

　業種構成を見ると、婦人服店やセレクトショップ、飲食店など、買回品や専門品あるいはサービス業の店舗が多くを占めている。創業から長い歴史を持つ専門店が多いのが特徴のひとつで、呉服店や仏具店など、加盟店のうち13店舗は創業100年を超えている。そのうち3店舗は江戸時代から続いているほどで

図7－2　ゆりの木通り商店街
出所：2016年3月25日筆者撮影。

158

第7章　多様な主体との緩やかな連携によるネットワークの形成

ある。

　その一方で、若者向けのメンズセレクトショップも22店舗出店している。こ
れらの店舗のほとんどは、平成以降に廃業した店舗のあとに出店している新し
い動きであるという。このように、近年、ゆりの木通り商店街には伝統と新し
さが共存しているという特徴が生まれつつある。また、周辺に専門学校や予備
校、高層マンションが増加しており、新たな市場開拓や需要の創出が見込める
環境にある。

　しかし、先述したように、郊外型ショッピングセンターの出店攻勢や中心市
街地の大型商業施設の閉店・撤退の影響などを大きく受けて、中心市街地の小
売業は厳しい環境に直面している。田町東部繁栄会会長で、ゆりの木通り商店
街のキーパーソンである鈴木基夫氏によれば、中心部に大型商業施設が集積し
ていた1990年代までは、まちなかの回遊性も高く、ほとんどの地域住民はゆり
の木通り商店街も中心市街地の一部として認識していたという。しかし、現
在、ゆりの木通り商店街は地域住民から「まちなか」として認識されていない
現状も浮き彫りになっている。ゆりの木通り商店街が2016年8月に実施したイ
ンターネットによるイメージ調査[3] によると、ゆりの木通り商店街は浜松駅か
ら徒歩約10分という距離にあるものの、回答者全体のおよそ60％は、ゆりの木
通り商店街が立地している地区を「まちなか」と認識していないという結果が
出ている。

　さらに、中心市街地への来街頻度を聞いた質問では、「郊外モール型ショッ
ピングセンター」は「月に2回以上」と「月に1回程度」を合わせると、回答
者全体の約65％にのぼる結果となった。対照的に駅前の主要な大型商業施設
「メイワン」や「ザザシティ」は同様に約20％となり、商店街が含まれる「中
心市街地の路面店」（物販店および物販店以外）はさらにその半分程度のポイ
ントである（図7-3）。

　また、「ゆりの木通り商店街の雰囲気」について質問した結果、回答者全体
の60.9％が「寂れている」（18.5％）あるいは「どちらかというと寂れてい
る」（42.4％）と回答した。これは「鍛冶町通り」（39.7％）や「有楽街」
（31.3％）などの駅前立地の商店街と比較しても悪い数字である（図7-4）。

　このほかにも、「ゆりの木通り商店街のイメージ」を複数回答で質問した結

159

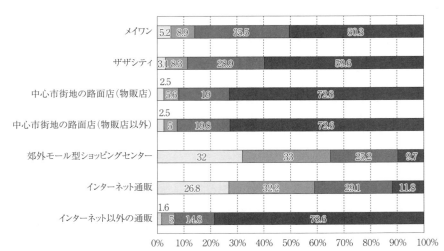

図7-3　中心市街地等への来街頻度
出所：中心市街地再興戦略事業「ゆりの木通りマーケティング調査報告書」。

果、「特にイメージがない」（44.1％）が最も多い回答であった[4]。これも駅前立地の商店街と比較すると高い数字である。

　これらの結果に大きな危機感を抱いたゆりの木通り商店街では、今後の方向性として、まちなか全体の回遊性を高めて商店街にも来てもらうというアプローチと、商店街に来てもらうという2つのアプローチから事業活動を展開していく方針を打ち出している。以上のような厳しい事業環境に置かれている中心市街地のなかで、ゆりの木通り商店街が実施している取り組みについて、項目を改めて整理していきたい。

(2) ゆりの木通り商店街としての事業活動

　2010年まで、ゆりの木通り商店街の年間事業は3つほどのイベントであり、そのうち商店街が主催していたものは田町東部繁栄会による「お花見の会」や「十三夜の会」などであった。当時はこのくらいしか商店街活動らしいことは行われていなかったという。ちなみにこの2つのイベントは、竹笛演奏や能の公演などを開催するもので、現在も年1回ほどの頻度で行われている。

第7章　多様な主体との緩やかな連携によるネットワークの形成

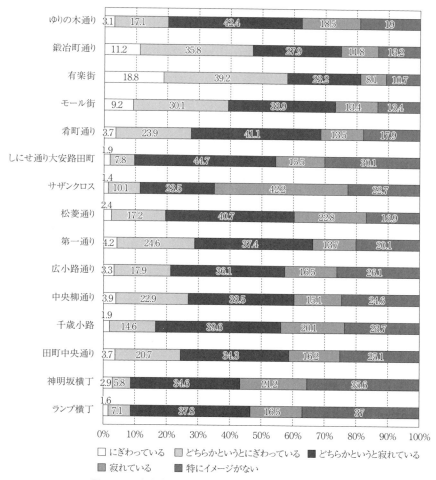

図7-4　中心市街地にある主な商店街・通りの雰囲気
出所：中心市街地再興戦略事業「ゆりの木通りマーケティング調査報告書」。

　鈴木氏はこの頃から後述する「万年橋パークビル」の代表取締役社長として商店街活動に関わりはじめたという。しかし、当時は新参者であるため、何か面白そうなイベントなどをいきなり提案しても受け入れてもらえないと感じていたそうである。
　その後、2016年現在、ゆりの木通り商店街では2日に1回以上の頻度で何ら

かの事業が開催されている。しかもそのほとんどが異なる団体が実施主体であり、様々な企画が自然発生的に起きているという。たとえば、2016年3月のヒアリング調査の時点で計画されていた、2016年5月以降のイベントだけでも表7-2にまとめたイベントが開催される予定である。

表7-2　ゆりの木通りとその界隈で開催される2016年5月以降のイベント計画

日程決定事業		
事業名	日程	場所
似顔絵看板　商店での提示	開催中（on going）	空き店舗
パークライム	5/15（日）	万年橋パークビル
KAGIYA MARKET	5/21（土）	KAGIYA ビル
MANUAL DEPARTMENT STORE	5/21（土）22（日）	EE
コンクリートシアター	6/12（日）18（土）19（日）	万年橋パークビル 絡繰機械's
浜松学院大学 プレハマコンバレー	6/13（月）	万年橋パークビル
ビア駐	7・8月の毎週土曜夜	万年橋パークビル
Party Shoot	7/24（日）	万年橋パークビル
秋の手作り品バザール	10/1（土）2（日）	ゆりの木通り
遠州の食	10/10（月・祝）	万年橋パークビル
アートルネッサンス	10/29（土）〜11/6（日）	ゆりの木通り

日程未定事業		
事業名	主催者・主体	場所
まちなか部活推進プロジェクト	まちなか部活推進プロジェクト	ゆりの木通り界隈
お月見	田町東部繁栄会	田町稲荷神社
ゆりの木 de ノスタルジー	ゆりの木通り商店街	ゆりの木通り
年末売り出し「現金つかみ取り」	田町商店界	ゆりの木通り

第7章　多様な主体との緩やかな連携によるネットワークの形成

ZING	ZINE	万年橋パークビル
ゆりの木ゼミ＆まちなかガイドツアー	まちなかガイドツアー実行委員会	ゆりの木通り界隈
MAP 作りワークショップ	友川あやこさん	万年橋パークビル
MAP 制作	内部による月一制作 外部の人の制作	ゆりの木通り界隈
自転車初乗り教室	自転車初乗り指導協会	万年橋パークビル
パーククライム	自転車初乗り指導協会	万年橋パークビル
ハロフェス	ハロフェス実行委員会	中心市街地
パッセジャータ	未定	ゆりの木通り
ハマコンバレー	未定	万年橋パークビル
ナイトブティック	ナイトブティック実行委員会	ゆりの木通り界隈
ネイバーズデイ	ゆりの木通り商店街	ゆりの木通り界隈
アントワープ6	未定	中心市街地
ハバイクレストア	田町パークビル	万年橋パークビル

出所：ゆりの木通り商店街ヒアリング調査提供資料。

　一方で、商店街が主体となる事業活動はあまり多くない。たとえば「ゆりの木通り手作り品バザール」は、2008年から年に1回開催されている手作り品のみを扱う雑貨市である。商店街の女性陣が取り仕切る手作り品を商店街の歩道で販売する。実行委員会形式で、基本的に各商店街の有志の商店主が運営している。商店街の店主と手作り品を販売する参加店舗または来街者との交流を通じて、専門店の特性を維持しつつ、店主の個性を認知してもらう機会としているという。さらに、専門学校などの学生ボランティアが当日の運営業務を担うなど、商店街の枠に収まらない活動にも繋がっている。また、「ゆりの木 de ノスタルジー」は、創業100年を超える店舗が数多くあるという特徴を活かして、商品ではなく、蔵に仕舞われていたり店主が趣味で集めたりした物品をショーウィンドウに展示する取り組みである。

　2013年には、空き店舗を減らしていくため、商店主をはじめ不動産オーナーや銀行、商店街活動に関わる若者などの多様な人材が集まり、物販店の誘致を

する方針のもと活動を開始した。そこでは「誘致するのは物販店」という共通認識を持ちながら、物販での創業希望者に対して各事業者が持つ情報を提供・紹介することで、空き店舗に物販店を誘致する体制を構築している。

　さらに、2014年には全国商店街支援センターの事業を活用して、情報発信の対象や濃度に適した媒体を整備している。具体的には、ウェブサイトのリニューアル、「個店紹介カード『ゆりの木のヒミツ』」の作成、商店街ツアーの実施である。商店街や各個店の特徴を知るためには、実際に店舗で商品を見たり店主と話をしたりするのが効果的である。しかし、何か商品を購入する意思がないと入りにくいという声に対応するために、商店街ツアーを企画した。具体的には、これまでも実施されてきた商店主がガイドとなる「通常型ガイドツアー」、外国人観光客向けや伝統を感じることができる専門店巡りなどのテーマを設定して各個店を回る「テーマ別ガイドツアー」の2種類である。さらに、不特定多数の人々に認知してもらうため、その媒体としてウェブサイトを開設しているが、システム上の問題があり更新できない状況にあった。そこで、システムを含めて大幅なリニューアルを実施した。

　しかし、前者は情報の濃度は高いが間口が狭く、後者はその逆になるため、それぞれの中間にあたる媒体の必要性を感じたことから作成したのが「個店紹介カード『ゆりの木のヒミツ』」である。店舗ごとに、カードの表側に質問、裏側に回答と個店情報が記載されている。商店主に16種類の質問からなるアンケート用紙を配布・回収したあと、「座右の銘」や「ペットの名前」など、店や店主の特徴や個性が垣間見える質問と回答を選んでいる。利用者にも商店街にも配布した。ドライな情報だけではなく、隣の店主が考えている些細なことも載せることによって、商店街にとってもお互いを知る機会になる。鈴木基夫氏がベルリンを訪れた際、ホテルのフロントに名所を紹介する名刺サイズのカードをみたことから着想したという。

2．建築家・アーティストや若者との連携

　上記で概略的に確認したように、ゆりの木通り商店街として事業活動を展開している一方で、外部主体が企画および運営の中心として活動している。さらに同商店街を特徴づけていることは、以降で詳述するが、もともと商店街と交

第7章 多様な主体との緩やかな連携によるネットワークの形成

流する機会が少ない建築、アート、デザインなどの専門性をもつ多様な人々との接点があることである。このような動きが拡がる背景には、商店街に彼らの活動を受け入れる土壌が存在したことが大きく寄与していることは間違いないであろう。すなわち、ゆりの木通り商店街は、先述したように専門性の高い商品を取り扱う店舗が多い。こうした店舗の商売には商品に関する専門知識を紹介するなどのコミュニケーションが欠かせない。こうした商店街側の性向が、商店街に彼らの活動を受け入れる土壌として機能していることは想像に難くないであろう。

また、上記のような関係に基づいて実施される各種イベントが実現する場として、次節で後述する2つの拠点が重要な存在として挙げられる。ひとつは、普段は誰でも自由に使うことができる空間であり、クリエイターやまちづくりに関わる多くの若者が訪れ、新しいアイデアや人を結びつける場として機能することで、様々な企画やイベントが生まれている。

もうひとつは、専門性をもつ多様な人々が文化的な活動に触れることに興味をもつ新しい客層が訪れることで、彼らのニーズに対応するような新規出店を促進する循環が生まれはじめている。

（1）万年橋パークビル

万年橋パークビルは、ゆりの木通り商店街の最東寄りにある立体駐車場である（図7-5）。万年橋パークビルは、1987年、浜松市と「田町パークビル株式会社」との区分所有形式で、自走式の立体駐車場とテナントスペースを併設したビルとして建設された。

図7-5　万年橋パークビルと8階のフリースペース「hachikai」
出所：2016年3月25日筆者撮影、およびゆりの木通り商店街提供資料。

2011年以降は、駐車場部分を田町パークビルが浜松市から賃借して運営し、2014年10月には買収することになる。それにより、以前は原則として駐車場としてしか活用できなかった場所を、用途変更を必要とする大幅な改修ができるようになった。
　そこで、駐車場を「屋根のある広場」と捉えようという地元の学生の提案を受けて、商店街と連動した活動が始動したという。現在、2〜8階の駐車場以外にも、1階にはコンビニエンス・ストアと飲食店、コミュニティスペース「黒板とキッチン」、8階は演劇、ワークショップ、トークイベントなどが開催されるフリースペース「hachikai」、9〜10階にはシェアハウス用のアパートがあるなど、様々な使われ方をしている。
　なお、田町パークビル株式会社の株主は全員が地権者である。駐車場の稼働率が上がるほど利益につながるため、ゆりの木通り商店街としてイベントを実施することによる利益相反はない。
　このなかで、企画立案の場として、多様な主体の接点として役割を担う場所が、万年橋パークビルの1階にある「黒板とキッチン」である（図7-6）。
　黒板とキッチンは、学びを象徴するものとしての「黒板」と、食べものを通して垣根を越えた交流を促す設備としての「キッチン」を備えた、セミナールーム兼交流スペースである。フリースペースでもレンタルスペースでもない。設備は商店街で管理し、運営は株式会社「大と小とレフ」が行っている。大と小とレフは、田町パークビル株式会社から委託を受けて、万年橋パークビルの管理も担当している。

図7-6　1階のセミナールーム「黒板とキッチン」
出所：2015年9月5日筆者撮影。

第7章　多様な主体との緩やかな連携によるネットワークの形成

　黒板とキッチンでは、異なる目的をもつ人たちが入り混じる空間を創り出すことが意図されている。

　黒板とキッチンがきっかけで実現した事業として、たとえば「地蔵部」という活動がある。大学時代に哲学を専攻していたスタッフを中心に、浜松市周辺の地蔵巡りとその様子をまとめた「じぞうぼん」を発行している。作成過程としては、まず、ライターやイラストレーターのためにツアーを行い、並行して郷土資料館で地蔵に関する情報を集めるという。その後、ブレーンストーミングとマップ作りのための会合をそれぞれ4回ずつ開催するという。「読み解かないと辿り着けないマップ」を志向しながら、Google マップの座標検索ができるようにもしている。なお、このマップは、「一般財団法人浜松まちづくり公社」によるまちづくり活動助成制度の助成を受けて発行されている。

　また、黒板とキッチンでは、職人によるワークショップやセミナーも開催されてきた。商品をつくる職人に商品が販売される場に滞在してもらいながら、制作過程を含めて来街者に体感してもらおうとする取り組みである。たとえば、長い歴史を持つ専門店が多いという特徴を活かした取り組みとして、包丁職人によるワークショップ、三味線職人の座談会などを開催してきた。

　これらにより、各個店が作り手とのコミュニケーションを図ることで、より一層深い知識を得たり、異なる角度から商品について考えたりする機会としても機能している。こうした活動は、ゆりの木通り商店街とテナントオーナーの了承を得てこそ成立する活動である。ゆりの木通り商店街では、後述する田町パークビル株式会社が仲介役となり、両者を結び付けている。

　このように、万年橋パークビルをギャラリーやワークショップなどの場として提供していくうちに、彼らと商店街の若手商店主などが緩やかにネットワークを形成していくなかで、上述のような商店街単独では開催できない新しいイベントが次々と生まれている。このほかにも、後述するように、空き店舗・スペースがあることを利用して、彼らにギャラリーやワークショップなどの場として提供していくうちに、彼らと商店街の若手商店主などが緩やかに連携して話し合うなかで、次々と新しいイベントが誕生している。

167

（2）KAGIYA ビル

　KAGIYA ビルは、ゆりの木通り商店街の一角にある築50年以上の共同ビルである。2012年10月から、クリエイターのためのショップやワーキングスペースが入る複合ビル「KAGIYA Building」として、地元の不動産会社である「丸八不動産」が運営している。丸八不動産がビルを取得したときには、1階はすでに5店舗がテナントとして入居していた。

　丸八不動産は、地域柄もあり文化的な土壌があるため、今後も一定の需要があると見込んだことから、不動産投資の一環としてリノベーションをしてリニューアルオープンした。具体的には、配線工事などによるインフラの更新が中心で、そのほかは基本的にテナント自身で改装していくかたちである。2階以上をおよそ5万円程度の家賃でとなるように区画割りがされているという。現在の入居テナントは表7-3の通りである。

　現在は、フランスやイタリアなどで直接買い付けた雑貨や宝飾品など取り扱うアンティークショップや、浜松市に移住してきたオーストラリア人がオーナーを務めるゲストハウス、浜松市出身の写真家・若木信吾がセレクトした写真集を中心とする書籍を取り扱うブックカフェなど、多彩な店舗がテナントとして入居している（図7-7）。

表7-3　KAGIYA ビルの入居テナント一覧（2016年3月時点）

4 F	401　ギャラリー	402　丸八不動産株式会社
	403　株式会社55634	403　株式会社ナインスケッチ
	403　Chizu Ogai	403　株式会社つなぎて
	404　R!design studio office	405　the chalksquare
3 F	bar 23	FAT DESIGN
	BOTANICA	dEL sp design
	東急建設株式会社	Antico
2 F	BOOK AND PRINTS	KAGIYA CAFÉ
	Violet	
1 F	喫茶さくらんぼ	KNOWLEDG
	GROOVE	KIRCHHERR
	NEWSHOP Hamamatsu	

出所：ゆりの木通り商店街ヒアリング調査提供資料をもとに作成。

第7章　多様な主体との緩やかな連携によるネットワークの形成

図7-7　KAGIYAビルの入居テナント「BOOK AND PRINTS」(左)と「Antico」(右)
出所：2015年9月5日筆者撮影。

　また、これらの店内やギャラリースペース(4F)では、多様な主体による文化的な活動が実施されている。現時点で媒体に記録として残されているだけでも、表7-4のようなイベントが開催されている。こうして見ると、商品やサービスを購入する場所としてだけではなく、いかに文化的な活動に触れられる場所として機能していることがわかるだろう。
　その一方で、こうしたイベントだけではなくビジネスも生まれている。2014年7月に開店した「NEWSHOP Hamamatsu」は、ゆりの木通り商店街を中心的な拠点として活動している建築設計ユニット「403architecture［dajiba］」が設計している（図7-8）。
　NEWSHOP Hamamatsuはコンセプトとして「小さなお店の集まった、街のようなデパートメントストア」を標榜している。3.5寸の杉材を一本丸ごと使用した1マス10cm四方の什器を「敷地」に見立てて、個性的な「店舗」が

図7-8　NEWSHOP Hamamatsu
出所：2016年3月26日筆者撮影。

表7-4　KAGIYA ビルで開催されたイベントなどの一覧（KAGIYA ビルのアーカイブ）

2012/10/10	BOOKS AND PRINTS BLUE EAST（2F）オープン
	Takuji コンタクトプリント展
11/11	若木信吾× ZINE　TALK EVENT
11/16	Coyote 復刊記念展
11/17	Coyote 復刊記念トークイベント
12/15	小島ケイタニーラブ　1ˢᵗ アルバム『小島敬太』LIVE@KAGIYA ビル
12/16	PAPERSKY 編集長ルーカス B.B トークイベント
2013/02/02	シリーズ・書店オーナー対談　第一弾「僕の『スモールビジネス論』〜独立系書店のロマンとそろばん」
02/09	コーヒーワークショップ第1回「コーヒーのお話」
03/16	西加奈子絵画展「食べあわせなんて、知らないわ」
	株式会社55634（4F）オープン
04/12	bar23（3F）オープン
04/13	the chalksquare（4F）オープン
	コーヒーワークショップ第2回「ロースティング（焙煎）に挑戦」
04/20	西川美和エッセイ集「映画にまつわる x について」発売記念トークショー&サイン会
05/17	BOTANICA（3F）オープン
05/22	KAGIYA ビル共用部　Jeff Canham によるウォールペインティング
05/24	サインペインティングワークショップ
	「THE GREAT HIGHWAY」上映会&トークショー
	「DULCE AEREO」ライブ
05/26	Mountain morning "KHAKI" in hamamatsu「サンデーブランチトーク」
06/08	浜松で MACK を読む会
06/22	かぎやビルまちづくりセミナーシリーズ
07/06	シリーズ・書店オーナー対談　第二弾
08/10	Takao Niikura Exhibition "Locura"
09/06	CANP GARDEN
10/12	川内倫子「光と影 LIGHT AND SHADOW」写真展（〜11/10）
	川内倫子「光と影 LIGHT AND SHADOW」写真展オープニングトークショー
11/11	KAGIYA CAFÉ（2F）オープン
11/24	シリーズ・書店オーナー対談　第三弾
12/14	小林エリカ「光と子ども 1」刊行記念トークショー
2014/01/01	「ROOKIE OF THE YEAR 2014」写真展（〜01/13）

01/03	「ROOKIE OF THE YEAR 2014」オープニングトークショー
02/21	"勝手に" 姉妹都市マーケット2014（～03/03）
02/22	"勝手に" 姉妹都市マーケット2014トークショー
03/30	シリーズ・書店オーナー対談　第四弾
04/26	都築響一「独居老人スタイル」刊行記念トークショー
06/21	KIKI「美しい山を旅して」刊行記念写真展
	KIKI「美しい山を旅して」写真展オープニングトークショー
06/29	Violet（2F）オープン
07/11	NEWSHOP Hamamatsu（1F）オープン
09/26	MIKE MING「Connecting the Dots」in Hamamatsu（～10/12）
10/12	MIKE MING「Connecting the Dots」in Hamamatsu トークショー
	KIRCHHERR（1F）オープン

出所：ゆりの木通り商店街提供資料をもとに作成。

立ち並んでいる。出店者はテナント代と売り上げ手数料として数％をNEWSHOP Hamamatsu に支払うかわりに、商品を陳列することができる。通常の開業と比べて低い初期費用で済むため、スタートアップやクリエイティブな副業のアウトプットの機会としてなど、様々な発想で利用されているという。さらに、ウェブサイトを開設してインターネット販売も実施するなどの展開も見せている。

（3）まちなかへの展開

　さらに、2014年4月、KAGIYA ビルの bar 23（3F）のオーナーが、2店舗目として公園カフェというコンセプトで都市型公園の中庭を持つ「PARK/ING PUBLIC CAFE BAR（パーキングパブリックカフェバー）を出店した（図7-9）。公園カフェというコンセプトをもとにデザインされている店内は、屋内でありながら店内の動線にアスファルトを引いたり、足元には芝を入れたりするなど、嗜好を凝らした内装を施しており、これまで訪れることが少なかった学生などの若い世代も利用することが増えているという。

　さらに、ゆりの木通り商店街に集積している若者向けのメンズセレクトショップや上記のようなクリエイティブで文化的な催しが醸し出す雰囲気がきっかけとなり、似たような環境にあるサンフランシスコから、ビンテージ

図7-9　PARK/ING PUBLIC CAFE BAR

出所：2016年3月26日筆者撮影。

サーフボードショップ「MUNI STORE」が出店するなどの動きにも拡がっている。

　なお、このほかにも、上記のように活動を担うクリエイティブな人材を受け入れてきたことで、さらに多くのプロジェクト主体の参入が起こりはじめている。たとえば、近年の代表的な取り組みのひとつとして、2016年から始動した高校の部活動をまちなかで行う「まちなか部活推進プロジェクト」が挙げられる。実行委員会形式で運営される同プロジェクトは、商店街を舞台にしてにぎわいの創出や交流を生み出すとともに、高校生がまちなかの多様な人やコンテンツと接する機会を提供するという教育的な役割も担っている。今年は市内の5つの高校（第一学院高等学校浜松キャンパス、浜松市立高等学校、浜松開誠館高等学校、浜松学院高等学校、浜松学芸高等学校）が同プロジェクトに参加した。

図7-10　「似顔絵看板プロジェクト」の展示会

出所：2016年3月26日筆者撮影。

第7章　多様な主体との緩やかな連携によるネットワークの形成

そのなかで、浜松学芸高校と連携して実施した「似顔絵看板プロジェクト」では、商店街の約30店舗の店構えや店主の特徴を捉えた手書きの看板を、浜松学芸高校の美術課程と書道課程の学生が制作した（図7-10）。学生は、店舗取材や素案の確認、完成品の提示など、制作を通じて何度も店舗を訪問して店主などと交流する機会を多く持つことができる。空きスペースを活用した書道教室のギャラリーで一定期間展示されたあと、実際に各店舗で展示されているという。

（4）連携の成果

以上で見てきたように、ゆりの木通り商店街には、商店街の外部主体がイベントの企画立案や実施主体となることにより、商店街に文化的要素が付加されていること、さらにアートや建築などの専門性をもつ多様な人々との繋がりがあることが特徴として挙げられる。

その結果として、ゆりの木通り商店街は、商品やサービスを消費する場所としてだけではなく、文化的な活動に触れられる場所として機能することで、後者の活動に興味をもつ新しい客層が訪れている。そして彼らのニーズに対応するような新規出店を促進する循環が生まれはじめている。いくつかの具体例を述べてきたが、ゆりの木通り商店街では、2013年から2015年までの3年間に33店舗の新規店舗が出店した。

これに加えて、浜松市が継続的に実施している中心市街地の歩行者通行量調査では、2015年に調査されたゆりの木通り商店街沿いの歩行者は、20年ほど前と比べて25％増、最も厳しい状況であった2005年や2009年からおよそ2倍に増加している。歩行者通行量は指標のひとつに過ぎないとはいえ、その他の商店街などで計測された歩行者通行量は半減しており、近隣の商店街では見られない成果を上げていることが確認できる。

第4節　考察

本稿では、「プロジェクトタイプ」による連携の先進的な事例として、浜松市ゆりの木通り商店街の連携の実態およびその成果について探索的に分析し

た。ゆりの木通り商店街の事例分析を通じて、「プロジェクトタイプ」の特徴
である緩やかなネットワークを建築家やアーティストなどと形成することで、
文化的活動の拠点としての役割を果たすことにより、活動に興味をもつ新しい
客層が商店街に訪れ、彼らのニーズに対応するような新規出店が促進されると
いう循環が生まれていることを明らかにした。また、多様な主体と継続的で実
質的な連携が実現している背景には、意欲的な主体が参入する動機を持つ文化
的な視点や活動できる場所が重要な役割を果たしていることが示唆された。

　しかし、今後の課題として次のようなことが残されている。すなわち、先述
したインターネット調査において、中心市街地や商店街に訪れない地域住民は
「特にイメージがない」と認識していることである。こうした問題に対して、
今後、たとえば中心市街地や商店街に訪れたことがない人が特徴を理解しやす
い商店街マップなど、はじめて来街する利用者を誘引する情報発信のあり方が
求められていると言えるだろう。

　その一方で、ゆりの木通り商店街の鈴木氏が強調するように、商店街に来た
人にしかわからない、いわゆる「体験型」の事業活動が利用者に求められてい
るという側面もある。上記で見てきたように、実際に固定客の維持が期待でき
るような成果も上げている。そのため、彼らが「体験」したことを情報として
整理・発信することでも、新規顧客を引きつけるような仕組みが重要になるで
あろう。

1）　こうした傾向はゆりの木通り商店街に限らず、全国各地で次第に増えてきつつある。た
　　とえば、まちづくり会社などが中心的な役割を担いながら多様な主体を巻き込んで活動し
　　ている大分県竹田市の中心市街地商店街や兵庫県伊丹市の中心市街地商店街などを挙げる
　　ことができる。
2）　ここでは、主に駅前に立地していた主要な大型商業施設を対象に含めるため、便宜的に
　　店舗面積8,000m²以上の店舗を対象としている。
3）　同調査は、経済産業省の中心市街地再興戦略事業を活用して実施された調査である。調
　　査会社「マクロミル」に委託したインターネット調査で、調査対象は浜松市内に暮らす20
　　歳以上の市民、回答者数は515名である。
4）　その他は、割合が高い順に「老舗の店が多い」（17.1％）、「物販店が多い」（13.5％）、
　　「飲食店が多い」（10.4％）、「高齢者向けの店が多い」（9.7％）、「駐車場が多い」（7.1％）、
　　「若者向けの店が多い」（6.9％）、「夜の街（繁華街）だと思う」（6.4％）、「イベントが多

第 7 章 多様な主体との緩やかな連携によるネットワークの形成

い」（2.8％）、「チェーン店が多い」（1.2％）、「その他」（0.5％）である。

第8章　小規模多機能自治による商業まちづくりの展開
―住民組織と全日食チェーンによる超小型スーパーの開設

第1節　問題の所在

　周知の通り、現在、わが国は人口減少・超高齢社会の局面にある。そのなかで地方自治体は、社会保障関連費用の膨張や地方経済の減退などにより、現在の財政水準を維持し続けることが難しい状況に直面している。さらに、国からの地方交付税交付金に大きく依存している場合も少なくない。

　しかし、国全体の財政再建を国内外から望まれている状況を踏まえると、地方交付税交付金の減額に向けた圧力が中長期的にかかりやすいように思われる。そのため、地方自治体が住民の必要とする行政サービスを提供し続けることは非現実的であることから、今後に向けた対応が喫緊の課題である。

　こうした状況を受けて、一部の地方自治体において、第4章で詳述したように、自治会などを含む住民組織のような「コミュニティの担い手」が、代替的あるいは補完的に地域の社会課題に対応しようとする制度的枠組みが整備されてきている。

　そして近年、とくに地域商業の衰退が顕著である過疎地域において、住民組織の事業活動のひとつとして商業まちづくりに乗り出す試みが見られはじめている。具体的には、民間事業者である小売業者と連携してミニスーパーなどを展開する取り組みである。こうした試みは、新しい住民自治の公共的な制度と民間機能を融合させることで、地域の社会課題解決を図りながら、収益事業として継続的な運営を目指す取り組みとして捉えることができるだろう。

　このような連携関係に基づいた商業まちづくりは、地域商業の研究領域にお

第8章　小規模多機能自治による商業まちづくりの展開

いて先端事例として位置づけられるものであり、これまでほとんど取り扱われていない。その意味において、事象の実態や継続的な事業運営に向けた課題などを明らかにすることは研究意義があるように思われる。

　上記の問題意識を受けて、まず次節では、小規模多機能自治に取り組む先駆的な地方自治体のひとつである島根県雲南市の「地域自主組織」制度について概観する。次に、雲南市の地域自主組織のなかで商業まちづくりに取り組んでいる地域自主組織である「波多コミュニティ協議会」の概要を確認する。そのうえで、波多コミュニティ協議会と全日食チェーンが連携して運営するミニスーパーの実態を検討し、小規模多機能自治の一環としての継続的運営に向けた課題などについて考察したい。

第2節　小規模多機能自治の実態：島根県雲南市「地域自主組織」

1．制度の特徴

　島根県雲南市は県東部に位置しており、県内では松江市や出雲市など、南部は広島県庄原市に隣接している。総面積の大半が林野で占められる典型的な中山間地域である。市内人口は約4万人で、高齢化率は30％を超えており、全国平均を大きく上回る状況にある。

　第4章で述べたように、島根県雲南市は、6町合併に先立つ合同協議を経て、2004年に独自の住民組織の仕組みである地域自主組織制度を導入した。改めてその趣旨を確認すると、人口減少と高齢化を前提とする地域運営を目的として、新たな住民自治の方法と組織により、自立的な事業活動でそれぞれの地域課題に対応しようとする仕組みである。地域自主組織制度の導入以降、雲南市政策企画部地域振興課が中心となり、各地域の自治会を訪問して地域自主組織の設立を積極的に促進した。約1年間に各地域を訪問して会合を重ねた回数は1,000回近くになるという。その結果、2005年から1年半の間に雲南市全域で地域自主組織が結成された。最も多い時期は44の地域自主組織が存在したが、組織統合や分離・独立を経て、2016年2月時点で30である（表8-1）。

177

表8-1　雲南市の地域自主組織一覧

旧町	地域自主組織名	人口 （人）	世帯数	高齢化率 （％）	面積 （km²）
大東町	大東地区自治振興協議会	3,768	1,241	31.8	14.68
	春産地区振興協議会	2,256	685	32.8	12.01
	幡屋地区振興会	1,576	463	33.9	13.61
	佐世地区振興協議会	1,698	492	34.9	14.71
	阿用地区振興協議会	1,233	395	33.3	11.68
	久野地区振興会	625	208	41.3	28.41
	海潮地区振興会	1,769	549	37.8	38.36
	塩田地区振興会	166	66	50.5	18.76
木次町	八日市地域づくりの会	956	411	38.4	1.09
	三新塔あきば協議会	1,074	381	39.2	1.2
	新市いきいき会	583	195	38.4	0.85
	下熊谷ふれあい会	1,004	383	27.3	2.57
	斐伊地域づくり協議会	2,178	703	24.9	5.48
	地域自主組織　日登の里	1,577	482	35.3	20.77
	西日登振興会	1,148	338	37.1	13.15
	温泉地区地域自主組織 ダム湖の郷	503	172	46.4	18.96
加茂町	加茂まちづくり協議会	6,112	1,889	31.3	30.91
三刀屋町	三刀屋地区まちづくり協議会	2,581	957	27.9	4.95
	一宮自主連合会	1,985	622	32.7	16.91
	雲見の里いいし	804	261	38.0	13.48
	躍動と安らぎの里づくり鍋山	1,461	451	36.8	23.84
	中野の里づくり委員会	572	208	42.2	23.5
吉田町	吉田地区振興協議会	1,081	393	41.7	58.05
	民谷地区振興協議会	173	54	43.1	15
	田井地区振興協議会	638	213	38.9	40.93

第 8 章　小規模多機能自治による商業まちづくりの展開

	掛合自治振興会	1,558	550	33.0	20.61
	多根の郷	502	167	41.1	12.7
掛合町	松笠振興協議会	354	112	39.2	18.82
	波多コミュニティ協議会	348	155	49.3	29.28
	入間コミュニティ協議会	282	118	48.1	28.09
	計	40,565	13,314	34.1	553.37

出所：川北編（2016）p.13。

　なお、各組織の規模や地域の範囲は、小規模多機能自治ネットワーク協議会に加盟している地方自治体のなかでも比較的小さい部類に入るようである。組織運営を考える場合、組織規模や地域の範囲よりも地縁性を重視した方が持続しやすいと判断した結果であるという。

　各地域の地域自主組織では、固有の地域課題に応じて様々な事業活動が展開されている。たとえば、三刀屋町鍋山地区の地域自主組織「躍動と安らぎの里づくり鍋山」では、「まめなか君の水道検針」、「守る君のまかせて支援」という事業を実施している。

　前者は、雲南市水道局から水道検針業務を受託したものである。60代の住民7人が交代で厳しい山間に点在するおよそ450世帯を巡回している。こうした全世帯を訪問する毎月の検針機会を利用して、福祉サービスとして高齢世帯の見守りを担うのが後者の事業である（図8-1）。訪問時には、一人ひとりの顔色や体調、声の様子などを確認し、必要に応じて市の保健師に報告している。さらに24時間体制で要介護者を見守るため、電話子機「まもるくん」を配布し

図8-1　三刀屋町鍋山地区の水道検針と要介護者見守りの巡回
出所：川北編（2016）p.2

図 8-2　三刀屋町中野地区の「笑んがわ市」
出所：川北編（2016）p.3

ている。これには、電話機能のほか、利用者が子機に付いているヒモを引くと地域自主組織が所有する親機にSOSが届く仕組みが組み込まれている。一定期間連絡がない場合は、地域自主組織の職員が様子を見に訪問するなどのアフターケアも実施している。

　同じく三刀屋町の中野地区にある地域自主組織「中野の里づくり委員会」では、地域住民が買い物と交流の機会を提供する「笑んがわ市」を実施している（図8-2）。

　この事業は、以前JAが出店していた空き店舗を活用して、毎週木曜日に産直販売などを開催している。地元農家が生産した野菜、JA果樹センターの果物、恵雲漁港で水揚げされた鮮魚などを産直コーナーで販売しているほか、雲南市内のパン屋や生協も定期的に出店している。また、併設しているサロンコーナーでは、休憩しながらお茶やコーヒーを飲めるスペースを設けており、地元住民の語らいの場としての役割を果たしているという。

　中野の里づくり委員会は、笑んがわ市を運営するにあたり、行政の財政支援を一切受けていない。また、2011年に開設して以降、毎年度黒字運営を達成している。笑んがわ市を開催している店舗の家賃は、自主財源からJAに支払っているという。なお、主な収入源は、産直コーナーでの売上手数料、設置している自動販売機の販売手数料、併設のサロンコーナーで販売しているお茶代である。

　このように、それぞれの地域が直面している固有の社会課題を解決するために、多様な事業活動が展開されている。それでは、島根県雲南市の地域自主組織は、自治会のような従来からの住民組織とどのような違いがあるのだろう

第 8 章　小規模多機能自治による商業まちづくりの展開

か。結論から言えば、理念として、これまで公民館が担っていた生涯学習や社会教育に加えて、地域づくりと福祉の展開を掲げている点にある。また、具体的な運営面では、組織体制や拠点施設、財源に特徴的な違いがある。それぞれについて以下で整理していきたい。

　まず、地域自主組織を整備していくなかで、雲南市が最も重要な要素として認識していることは、常設の事務局を設けた点である。従来の自治会などの場合、公民館やコミュニティセンターでは市の職員または非正規職員などが業務にあたることが多いものの、常時滞在しているわけではない。そのため、自治会のような仕組み自体は、日常的で継続的な活動には適していない。そこで雲南市は、各地域にある既存の公民館や廃校して使用されていない小学校などを改修して、公民館に代わる地域自主組織の活動拠点として「地域交流センター」を新たに整備した。

　その結果、地域住民は、公民館で生涯学習や市が主催する行事に参加するという受動的な立場から、みずから地域づくりの活動拠点として運営する能動的な立場へと制度的には変化したことになる。なお、センター長やセンター主事の人件費は雲南市が負担している。このほかの財政支援として、生涯学習推進員やセンター職員の補助にあたる協力員などの人件費、各種事業や事務費に充当できる「地域づくり活動等交付金」を措置した。さらに、地域交流センターの施設管理のために指定管理制度も導入した。雲南市と地域自主組織が基本協定を締結し、2010年度から指定管理を開始している。

　しかし、地域交流センターの整備に際しては、従来から生涯学習などで公民館を利用していた地域住民などから、今後も同じように利用できるか不透明であるという理由で、公民館を閉めることに対する反発が起きたという。結果的に、3 年後に地域自主組織および地域交流センター導入の成果を検証するという条件付きで開設したものの、2009年に各地域で開設する予定が2010年に延期された。

　この条件を受けて、地域交流センターの運営開始から 3 年が経過するタイミングを前に、雲南市の担当者がすべての地域自主組織を訪問してヒアリング調査および協議を実施した。その結果に基づいて、2013年 4 月、次のような 3 つの見直しが実施された（図 8-3）。

181

第1は、地域交流センターの職員を地域自主組織による直接雇用とした点である。2012年まで、地域交流センターの職員は、事務負担などを勘案して雲南市の職員を地域交流センターに配置していた。すなわち、雲南市地域振興課を事務局とする「交流センター雇用協議会」が一括雇用するという形式を採用していた。しかし、この場合、指示命令系統を地域交流センターに集約して、地域自主組織による自立的な地域運営が目指されているにもかかわらず、雇用主は雲南市となるため、制度的に二重構造を内包していた。当時はそれでも円滑に進んでいたが、これから問題が生じかねないことから、地域自主組織が直接雇用する体系に変更された。

　第2に、福祉活動の推進体制を見直した点である。本研究とは関連が比較的薄いため詳細には触れないが、地域自主組織の中で独立する存在として位置づけられていた福祉委員会を、地域自主組織の福祉部門として再編した。

　そして第3は、第1の見直しに関連して、雲南市から地域自主組織への一括交付金に施設管理人件費を新設した点である。前述したように、常勤職員は交

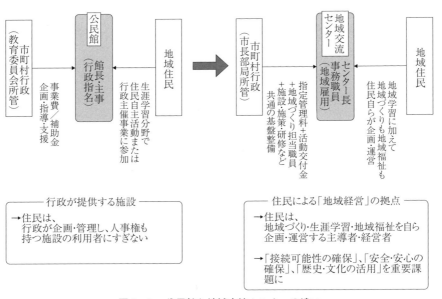

図8-3　公民館と地域交流センターの違い

出所：出所：川北編（2016）p.11。

第8章　小規模多機能自治による商業まちづくりの展開

付金を原資として雲南市が一括雇用していたが、地域自主組織が公共施設など
の指定管理業務を担当していても、当該業務に伴う人件費は準備されていな
かった。さらに、それぞれの地域や施設の規模、利用実態などに差があるた
め、業務量に応じた体制や処遇を導入することで、交付金の不均衡を是正しよ
うとした。なお、指定管理施設の多くは使用料金制であり、ここからの収入も
地域自主組織に入ることになる。

　このような制度変更を加えた結果、地域自主組織の基本的な運営資金は、現
在は雲南市からの交付金と指定管理料および使用料金が財源である。雲南市と
しては、今後も断続的に制度を見直していくなかで、地域自主組織の自主財源
確保を促進することにより、市としての公的負担を下げていく方針であるとい
う。

　また、地域自主組織の横断的な組織が必要であるという現場の要請から、次
のような変更も実施されている。すなわち、雲南市発足時、地域自主組織の代
表機関として、地域交流センター長で構成する「地域委員会」を設けていた。
地域自主組織と雲南市の対等な関係構築を理念として、旧町村単位のまちづく
りの推進や提言、雲南市との意見交換が設置された目的であった。しかし、委
員会の参加率が低下していたため次第に形骸化し、委員からの不要論が高まっ
たことで、2013年3月に廃止された。

　その一方で、地域自主組織の横の連携が希薄であることが現場から課題に挙
げられていたことなどから、同年、新たに「地域円卓会議」を導入した。これ
により、地域自主組織が雲南市と「直接的・横断的・分野別」に協議できる体
制を構築している。

2．地域自主組織「波多コミュニティ協議会」の概要

　こうした現場の課題を解消しながら、現行の地域自主組織制度が整備されて
きたわけであるが、以下では、全日食チェーンと連携してミニスーパーを展開
している旧掛合町の地域自治組織のひとつである「波多コミュニティ協議会」
（以下、「協議会」と表記）について確認していきたい。

　協議会がある旧掛合町は、雲南市最南端に位置している。旧掛合町を南北に
通る国道54号線沿いには、農地や住宅が点在している。従来、波多地区の主要

183

産業として林業、養蚕業、畜産業が盛んであり、ほとんどの住民が従事していたが、現在は大きく衰退している状況にある。前項の表8-1で確認したように、波多地区の人口は348人、世帯数は155世帯、高齢化率は49.3%である。

　協議会の事務局が設けられている地域交流センター「波多交流センター」は、廃校した旧波多小学校の校舎を改修して2008年に開設された。波多交流センターは、雲南市からの指定管理を受けて協議会が運営しており、電気・ガス・水道光熱費などのランニングコストも指定管理料のなかに含まれている。波多交流センターの周辺には50世帯ほどが暮らしており、その多くは車を持たない高齢者世帯である。残りの約100世帯は郊外に住んでおり、車を所有している世帯が多いという。また、協議会が指定管理を受けている施設に、温泉「満壽の湯」、キャンプ場「さえずりの森」がある。いずれの施設も、もともと島根県が運営していたが、施設の維持管理費用の問題もあり、閉鎖される方向で調整が進められていた。しかし、周辺の住民の憩いの場としての役割を果たしてきただけではなく、宿泊施設も併設されているため、当該施設の存続の方法を探るべく、協議会が島根県に相談を持ちかけた結果、指定管理が実現したという。

　協議会は、地域自主組織制度が導入される前から、波多地区にある地域団体の連合組織として、1982年に設立されていた。もともとは15自治会を改編して設立された組織であり、現在は、自治会長、商工会議所やPTAなどの各種団体代表で構成されている（図8-4）。複数の地域団体が一体的な組織を構築していたという意味では、当時から地域自主組織の基盤はできていたことになるが、当時は積極的に活動していたわけではないという。また、協議会は、馬を所有するために、2005年の時点で認可地縁団体の法人格を取得している。なお、現在、協議会の実質的な運営にあたる職員は5名（会長、常勤職員2名、パート2名）で、彼らが協議会のすべての事業を兼務している。職員の人件費はすべて交付金で充当している。

　協議会の主な活動は、地域要望の取りまとめと要請活動、環境保護活動、公共施設管理、祭りなどであった。このほかに協議会の総会、役員会、幹事会を年6回程度開催している。

　2008年に地域自主組織として再編されて以降、協議会は、島根県の補助事業

第 8 章　小規模多機能自治による商業まちづくりの展開

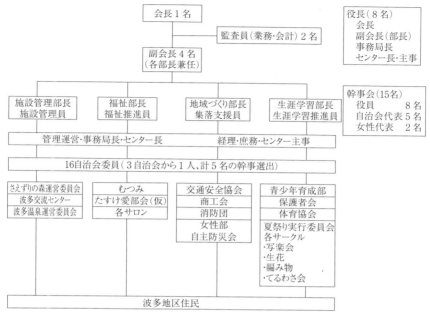

図8-4　波多コミュニティ協議会の組織図
出所：波多コミュニティ協議会ヒアリング調査提供資料。

「中山間地域コミュニティ再生重点プロジェクト」を3年間活用し、波多地区の全住民へのヒアリングと各16自治会での会合を開いて意見を集約した。その結果を踏まえて、協議会として「地域づくりビジョン」を作成し、そのなかで5つの重点課題（防災、買い物、交通、産業、交流）を掲げている。たとえば防災については、同地区は1965年と1975年に豪雨による土砂災害を経験しているため、住民の関心が高いことから「波多コミュニティ自主防災会」を立ち上げ、毎年6月に避難訓練を実施している。また、防災時連絡網を作成したり、要援護者をリスト化したりして、有事に活用できる情報の整備を進めてきた。

（1）買い物弱者問題の深刻化と対応に向けた動向

2013年3月、波多地区中心部にある唯一の個人商店が閉店した[1]。この個人商店では、主に加工食品や日用品が取り扱われていた。協議会は、買い物が不

185

便になることを十分認識していたが、協議会メンバー全員が商売の素人であり、みずからこの問題に対応するために行動することは全く考えられなかったという。そのため、たとえばすぐあとに出る「農協（Aコープ）」の分店を誘致するなど、代替的な選択肢も全く議論されていなかった。

　波多地区全体の小売業の立地状況は、波多地区中心部から車で20分圏内に「農協（Aコープ）」が、20分圏内にはホームセンター「コメリ」、ショッピングセンター「マルシェリーズ」がある。同SCにはスーパー「マルマン」をはじめ、衣料品店「パレット」や100円ショップ「ダイソー」、「今井書店」など12店舗が出店している。しかし、波多地区には路線バスなどの交通機関がないため、とくに波多交流センター周辺に暮らす高齢者世帯は、日常の買い物を子供やヘルパーに頼むか、行商が来るときに買うことを強いられる状況が続いていた。

　こうした状況を重く見た雲南市は、小売業者によるコーペラティブ・チェーンである全日食とともに、「マイクロスーパー」事業について協議会に提案することになる。マイクロスーパーとは、詳しくは次項で後述するが、全日食チェーンの店舗運営ノウハウや商品調達・物流ネットワークを活用して、加盟店として展開する小規模店舗のことを指す。

　前述のように、協議会はこれまで小売店舗を運営したこともなければ、開店する場合にどのような手続きが必要かなども誰ひとりとして理解していなかった。それにもかかわらず、およそ4か月後である2014年10月8日にマイクロスーパー「はたマーケット」開設に至る（表8−2）。これは店舗の開設費用に充当することを予定していた助成金の申請期限が近づいていたため、迅速な意思決定が求められていたことが影響している。

　しかし、はたマーケットの開店を巡り、協議会メンバーおよび地元住民の声は賛否両論であったという。とくに懸念されていたことは、黒字経営を続けていた協議会に損失が出ないかという点である。しかし、前述したように、助成金の申請期限もあり、やや強引ではあるが地元の承認を取りつけたという。

　この意味では、はたマーケットの開設が実現した大きな要因のひとつは、会長をはじめとする執行部のリーダーシップが挙げられるだろう。また、協議会のメンバーの「今住んでいる私たちが元気にやらなければ」というモチベー

第8章　小規模多機能自治による商業まちづくりの展開

表8-2　はたマーケット開設までの経過

年月日	経過
2014/06/04	全日本食品（株）からマイクロスーパーの提案を受ける。
07/12	はたマーケット開設及び助成金申請について、コミュニティ協議会幹事会の承認を得る。
07/15	助成金申請書を公益財団法人ふるさと島根定住財団へ提出。
07/18	はたマーケット開設及び助成金申請について、コミュニティ協議会総会の承認を得る。
07/24	全日本食品（株）へ加盟申込書を提出。
08/09	コミュニティ協議会役員会で、自主財源の確保等、営業時間、事務分担及び職員の勤務体制等について協議。
08/28	日本政策金融公庫へ融資について相談する。
09/04	全日本食品（株）から加盟の承認。加盟店取引契約書を取り交わす（組合出資金2,000万円を送金）。
09/09	事業採択に向けてプレゼンテーションに参加。事業採択となり、2,000万円の助成が決定する。
09/11	公益財団法人ふるさと島根定住財団から助成金交付決定通知がある。
09/12	コミュニティ協議会総会で店名の公募、寄付のお願いをする。
09/18	雲南市へ施設の目的外使用申請。
09/19	雲南市から施設の目的外使用許可。
09/22	コミュニティ協議会幹事会で店名を「はたマーケット」に決定する。
09/26	日本政策金融公庫へ融資を申請。
09/29	日本政策金融公庫から融資（250万円）を受ける。
10/01	改装工事、設備工事及び冷蔵庫等備品発注の契約締結。
10/08	「はたマーケット」オープン。

出所：波多コミュニティ協議会ヒアリング調査提供資料をもとに作成。

ションも大きく寄与していたという。

　なお、はたマーケット開設に要した初期費用は500万円であった。そのうち250万円は島根県の「ふるさと島根定住財団」からの助成金、200万円は会長の個人名義で日本政策金融公庫からの融資、50万円は協議会の積立金や地域からの寄付金などで調達した。ちなみに個人寄付は1口2,000円で、地域住民のほか、波多地区を出ている方々およそ300人に依頼したという。

　結果として、合計約60万円の寄付金が集まったという。現在も寄付依頼は継続しており、総額は少しずつ増えている。その分は今後の店舗運営のために積

187

み立てられている。

第3節　地域自主組織と小売業者との連携による商業まちづくり

　前節では、地域自主組織制度の概要と、マイクロスーパー「はたマーケット」の運営主体である協議会について、とりわけこれまでの事業活動からはたマーケットの開設に至るまでの大まかな経緯について整理してきた。

　本節は、はじめにマイクロスーパー事業を展開する全日食チェーンの概要を確認する。また、はたマーケットの運営実態について整理していくなかで、波多コミュニティ協議会と全日食がどのような分担関係にあるのかなどについて検討することで、持続的な運営に向けた考察の足掛かりとしたい。

1．全日食チェーンによるマイクロスーパーの展開

　全日食チェーンは日本最大規模のコーペラティブ・チェーンである[2]。中小小売商や小規模スーパーなどの加盟店が経営の独立性を保ちながら経営効率化を図るため、加盟店が主体となる全日食チェーン本部（全日本食品株式会社）が、共同仕入、販売促進、配送、PB商品開発などを展開している。2015年8月時点で、資本金18億円、本部年商1,074億円で、加盟店数1,738店、加盟店年商は推定4,000億円である（表8-3）。

　全日食チェーンの主力事業は、食品供給、物流、リテールサポート事業である。食品供給事業では、生鮮食料品、加工日配品、一般食品、菓子、日用雑貨、米、医薬品、酒類を加盟店や提携チェーンに供給している。物流事業では、全国25拠点の物流センターから、温度帯に合わせた配送車で加盟店や提携チェーンに商品を配送している。リテールサポート事業では、棚割提案や商品の改廃、販売促進などを支援している。

　このほかにも、FSP（Frequent Shoppers Program）を独自に改良したシステムである ZFSP（Zen-Nisshoku Frequent Shoppers Program）により優良顧客の維持・拡大を図るとともに、価格弾力性を踏まえた最適売価を設定することで、加盟店における販売個数・販売額・差益額を最大化することが目指されている[3]。

第8章　小規模多機能自治による商業まちづくりの展開

表8-3　全日食チェーンの概要（2015年8月時点）

本社所在地	東京都足立区入谷6-2-2
創業年	1962年5月
資本金	18億円
本部年商	1,074億円
本部社員	377名（正社員）
加盟店数	1,738店
加盟店年商	推定4,000億円
主要業務	商品供給事業・物流事業・RS（リテールサポート）事業
事業所分布	東京、札幌、旭川、釧路、盛岡、仙台、千葉、ひたちなか、横浜、沼津、新潟、松本、金沢、一宮、大阪、徳島、松山、広島、島根、鳥栖、長崎、熊本、宮崎、鹿児島、沖縄
取扱商品	生鮮食品、和洋日配・チルド食品、加工食品、菓子、日用雑貨、酒、米、医薬部外品　ほか

出所：全日本食品株式会社ウェブサイトなどをもとに作成。

　さて、全日食チェーンの加盟店は、それぞれの地域で比較的長期間にわたり商売を続けてきている個人商店や小規模スーパーが多い。全日食チェーンは、こうした特性がある加盟店を次のように捉えている。すなわち、売れ筋に関する経験的な知識や消費者とのつながりがあるからこそ、地域顧客への売り方を有効に提案できるとともに、地域社会の拠り所になりうる存在として位置づけている。その実現に向けて、店舗経営のシステム化による最適売価の設定や自動発注システムなどを導入して持続的な運営の実現を支援しながら、人的・時間的なコストを削減することで高齢者世帯への配達や地域住民との接点をつくる機会を生み出そうとしてきた。その延長線上の事業として、マイクロスーパー事業が立案・展開されてきたという経緯がある。

　マイクロスーパーのフォーマットはおおむね次の通りである。売場面積30m²ほどの超小型店舗であり、取扱商品はNB商品を中心に約1,000品目、販売価格は大手スーパーと同等に設定されている。そのほかにも、配送ルートや適正な店頭在庫を実現するための発注システムなど、一般的な食品スーパーや

189

表8-4　マイクロスーパーに必要な要素

大手並みの価格	ナショナルブランド（NB）中心の一流品を、大手スーパー並みの価格で販売することが重要である。既存の零細商店はまったくこのことができていない。それゆえ買物弱者地域であるにもかかわらずまったく消費者の支持を得られていない。
配送ルート	大手スーパーと遜色のない配送ルートを持っているか、いないかがマイクロスーパーが成立するかしないかを決める。
品揃えと価格	大手スーパーでは上位1,000品で売上の80％を占める。 マイクロスーパーで販売する1,000品が入念に選定されれば、お客様の買い物を80％満足させることが可能である。 そして、何をいくらで販売するかは重要なポイントである。
発注システム	必要な商品がいつも欠品なく販売されていることが非常に重要である。 そのためには、店頭在庫を適正に保つための発注システムが少ないといえども、整備されていなければならない。
IT機器の装備	POS等のIT機器の装備もマイクロスーパーには欠かせない。 POSレジ、発注機（HTT）、PC、お買得情報発行機（FSP）

出所：全日食チェーン本部ヒアリング調査提供資料。

コンビニエンス・ストアなどのチェーン・オペレーションを採用する小売企業でも求められる要素が含まれている（表8-4）。

　対象地域は、原則として、①食品スーパーやコンビニが経済規模から出店を見送る地域、②消費者が食料品の調達を移動販売や宅配などの比較的制約された手段に頼らざるを得ない地域、③ナショナルブランド（NB）中心の調達が不可能で消費者の支持を得られないような零細商店しかない地域という3つの条件が想定されている。

　また、単一店舗で事業採算性を確保するため、日商10万円、粗利益率20％の数値目標が設定されている。さらに、内外装設備一式・POSレジなどにかかる初期投資は基本的には500万円以内を条件としている。

　なお、全日食チェーンは、はたマーケットを開設する前に実験店舗を開店している。すなわち、全日食チェーンは茨城県庁から「県北部の買い物不便が深刻」という趣旨の相談を受けていた。そこで、高齢化・過疎化などの影響を受

第8章　小規模多機能自治による商業まちづくりの展開

けて閉店を予定していた茨城県大子町の加盟店を改装して、2013年2月にマイクロスーパーの実験店舗を開店した。この加盟店は80代の夫婦が営むタバコや飲料品などを販売する零細店舗で、それまでの日商は約2万円であった。実験店舗として営業すると、日商は約8万円に増加したという。

　こうして、県内の買い物不便地域におけるマイクロスーパーの展開にある程度の効果を感じた茨城県庁は、全日食チェーンに別店舗として大子町の遊休施設内に新たなマイクロスーパーを開設するよう打診したが、上述した開設条件を超える多額の設備投資が必要であることがわかり、結局開設は見送られたという。さらに、2016年7月、東京都檜原村が出資する第3セクター「めるか檜原」と連携して、マイクロスーパー「かあべえ屋」を開設しているが、これについては第4章で詳述した通りである。

2．マイクロスーパー「はたマーケット」の運営

（1）店舗運営

　はたマーケットは、協議会の活動拠点であり、廃校になった旧掛合町の波多小学校校舎を改装した「波多交流センター」の一室に開設された（図8-5）。売場面積は48m²であり、全日食チェーン本部がマイクロスーパーの基準としている売場面積（30m²程度）よりもやや大きい規模である。

　主な取扱商品は、生鮮品（青果、精肉、塩干）、日配品（牛乳、ヨーグルト類、豆腐、納豆、卵類）、ドライ品（食品、菓子、雑貨）、パン、アイスクリームなどである。はたマーケットを開設する以前、全日食チェーン本部は、取扱商品数をマイクロスーパーの事業計画で想定していた1,000品目程度と見込んでいた。しかし、はたマーケットの商品カテゴリー別の売上構成をPOSデータで分析し、対象商品の拡大と絞り込みをした結果、現在はおよそ600品目前後で推移している。どの商品も周辺のスーパーと比べても競争力の高い価格設定である。惣菜については、主にNBメーカーのアウトパックを取り扱う。そのほか、旧小学校で給食室として使われていた設備を用いて作るコロッケを販売しているが、売れ残りリスクが高いため、不定期的に販売している。とくに特売チラシで打ち出している日に重点的に販売しているという。

　また、はたマーケットが開設した2015年10月から半年の間に、たばこと酒の

図 8-5　波多交流センターの外観（上）とはたマーケットの売場（下）
出所：2016年2月28日筆者撮影。

販売も開始している。すなわち、協議会と全日食チェーン本部は、開設準備と並行して、一般酒類小売業免許申請について税務署に相談していた。しかし、協議会の法人格は認可地縁団体であり、当時は法人登記していなかったために免許は交付できないと判断された。最終的には、認可地縁団体は地方自治法で認められた法人格であるということなどを丁寧に説明した結果、2014年9月に認可が下りることとなる。そして開設から約4か月後の2015年2月に一般酒類小売業免許を取得した。たばこの販売免許に関しても、日本たばこ産業中国支社経由で中国財務局に小売販売業許可を申請し、2015年4月に免許を取得している。

　なお、商品陳列および棚の配置については、全日食チェーン本部が加盟店の支援に用いる基本的なレイアウトを参考にしているが、定期的に全日食チェーン本部の担当者と協議会職員が相談しながら適宜変更している。たとえば、もともと店頭には青果を置いていたが、全日食チェーン本部の指導のもとで、協議会職員が独自に「割引コーナー」を配置するなどしている。

　なお、これに商品発注などを加えた日常的な店舗運営は、交付金で雇用されている協議会の職員が交代制でシフトを組んで、協議会の通常業務と兼務しな

第8章　小規模多機能自治による商業まちづくりの展開

がら従事している。そのため、はたマーケットに関わる人件費で協議会が負担する分は、イレギュラーで必要になる残業代のみである。

営業時間は9時から17時30分として、日中の高齢者世帯だけではなく仕事帰りの現役世代にも利用してもらいやすいようにと、周辺住民の都合に配慮している。利用者のほとんどが周辺に暮らす地域住民で、他地域から買い物に来る利用者はほとんどいないという。協議会としては、本来であれば18時くらいまで営業していたいというが、職員の都合や負担を考えると、実現は難しいようである。

チラシは1回あたり200枚程度刷られている。原稿は、全日食が作成してからはたマーケットが印刷する。朝、レジを担当している職員が新聞配達もしているので、そのときに一緒に入れている。表面は特売情報、裏面は普段置いてある商品情報を載せている。

さらに利用者にZFSPのメンバーズカードを配布して、カードIDをPOSでバーコード管理している。商品の購買履歴とIDが紐づいている。性別や年齢などの属性ではなく、購買履歴を重視しているという。たとえば60代と20代の女性を比較する場合、孫が同居しているとすれば、購買履歴が似た傾向になるためである。

（2）商品の発注プロセス

はたマーケットの取扱商品は、他の加盟店と同様に全日食チェーンのシステムで自動発注している。しかし、前述したように、協議会の職員は商売経験がないため、全日食チェーン本部中国支社の担当者が部分的にサポートしている。

具体的な発注から陳列までのプロセスは次の通りである。まず納品前日の朝5時（実質的には納品2日前の閉店時点）に自動発注される。自動発注の内容は、レジを閉めて売上が確定してから決定される。自動発注から2日後の朝6時前後に、全日食チェーンの配送ドライバーが波多交流センターの玄関の鍵を開け、はたマーケットの店頭に商品をドロップする。その後、朝8時ごろに出勤する協議会職員がそれらの商品を陳列する。そのため、配送ドライバーと協議会職員による検品は行われない。夏でも朝の時間帯は気温が上がらないた

193

め、温度管理が必要なチルド商品なども一緒に置かれる。気温が高くなりそうな日は、カゴ台車に保冷カバーを被せて保冷材を入れて置くようにしている。自動発注に含まれていない商品を別途発注する場合は、協議会職員が店頭の電話かFAXで連絡する。その際は店頭にあるPCで全日食チェーンの取扱商品を確認することができる。はたマーケットの利用者から、普段は取り扱われていない商品の購入希望がある場合も同様に対処される。

　したがって、商品発注から陳列までの各種業務のうち、協議会職員の日常的な作業は、毎朝の商品陳列とレジ担当、利用者の要望に対応するための手動発注ということになる。協議会職員は、交代制でシフトを組み、協議会のほかの通常業務と兼務しながら店舗運営に従事している。なお、協議会職員は、島根県の交付金を元手に雇用されている。そのため、はたマーケットにかかわる人件費のうち、全日食チェーン本部が負担するのは時間外手当、一方の協議会が負担する分は協議会業務としての残業代のみである。

（3）物流体制

　もともと、島根県東部には全日食チェーンの加盟店が多いため、当該エリアの配送ルートは整備されていた。しかし、はたマーケットがある波多地区は県南部に位置しているため、本来であれば配送可能エリアから外れていることになる。その一方で、全日食チェーンは、松江市内の配送センターから広島市内の加盟店などに向けてドライ便を走らせている。その際、はたマーケットに隣接する国道54号を通過していたことにより、はたマーケットへの配送が実現することになるのである。

　加盟店の立場から配送頻度やロットを考慮した結果、次のような配送体制を敷いている。すなわち、全日食チェーンは、基本的に配送車1台（10tトラック）に加盟店6店舗分（カゴ台車22台）の商品を積載している。そのうち、はたマーケットの荷物量は、1便あたりカゴ台車1〜2台であり、年末などの繁忙期は約3台分になる。毎日冷蔵車1台で、日用雑貨と牛乳や豆腐などのチルド商品は2個から、ドライ食品はカップラーメンと飲料を除いて3個から配送している。これらにより、配送ルート単位では荷物量を超えてしまう可能性もあるが、対象店舗間で荷物量を調整して許容範囲に抑えている。ただし、全日

第 8 章　小規模多機能自治による商業まちづくりの展開

食チェーンとしてのオペレーションが煩雑になるため、はたマーケットに特別な配慮をしているということではなく、あくまで加盟店のひとつとして位置づけられている。いずれにしても、はたマーケットへの配送は、全日食チェーン本部の既存の配送ルートを可能な範囲で再編成して実現した苦肉の策であることに変わりはない。配送の効率性は決して高いわけではなく、採算的には厳しい状況である。途中、毎日配送から週3回へ切り替えることも検討したほどであるという。

（4）買い物送迎・宅配サービス

　これまで述べてきた店舗運営の一方で、はたマーケットは送迎・配達サービスも実施している。これらのサービスで利用する車両は、はたマーケットを開設する前から協議会が島根県の補助金で購入して所有していた軽自動車「たすけ愛号」である。たすけ愛号は、島根県運輸局の免許交付の都合上、波多地区に限定して運用せざるを得ない。さらに、協議会が黄色ナンバーの自家用車としてたすけ愛号を所有しており、有償運送許可を得ていないため、本来であれば送迎サービスは認められない。しかし、島根県と協議を重ねた結果、ドライバーはボランティアであること、送迎で得た収入はガソリン代にだけ充当するという条件付きで送迎サービスが認可された。なお、専門ドライバーとして20名前後のボランティアを登録しているが、実際はほとんど協議会職員が運転している。送迎サービスの利用料金は1回100円で、はたマーケットで買い物をした場合は無料になる。従来は前日17時までに予約することとしていたが、17時以降や当日に連絡があることも多いため、現在は、連絡を受けたときに予約時間の運行が可能な場合は対応することにしている。

　一方、宅配サービスは、はたマーケットまで買い物に行けない波多地区の住民を対象として実施している。はたマーケットの宅配サービスでは、利用者が電話注文した商品を、協議会職員がはたマーケットから利用者の自宅まで無料で配達している。店頭に在庫がない場合は、協議会職員が全日食に発注し、全日食が2日後に店舗に納品する。なお、開設当初、利用条件を1,000円以上購入した場合に限定していたが、より少額でも利用を望む意見が多く出たため、現在は条件が形骸化している状況にあるという。利用者数は、送迎サービスの

みを実施していた2014年度は年間450人であったが、配達サービスを開始した2015年度の利用者は年間1,000人を超えている。しかし、先に述べたように、送迎・配達サービスは免許制度に関する制約があるため、コストに見合う収益を上げられるサービスとは言えないのが現状である。

第4節　考察：事業継続に向けた課題と今後の展開

　本章では、小規模多機能自治により結成された住民組織が主体となり、全日食チェーンと連携してマイクロスーパー「はたマーケット」を運営する取り組みについて分析することで、社会課題の解決を図るとともに収益事業として継続的運営を目指す商業まちづくりの実態や持続的な事業運営の課題について検討してきた。以下において、小規模多機能自治による事業の一環であることを念頭に置きながら、両者の立場からはたマーケットにおける成果と課題について考察していきたい。

　はたマーケットが開設した2014年10月からヒアリング調査を実施した2016年2月までの月別売上高と客数の推移を示したのが図8-6である。この期間の1日あたりの平均値は、売上高56,000円、客数35人、客単価1,600円である。売上高は、全日食チェーン本部が目安として設定している基準の半分程度に留まっている。なお、月別売上高と客数の特徴的な動きとして、2015年3月以降の数値が伸びているが、これは酒類とたばこを取り扱いはじめたことが大きく

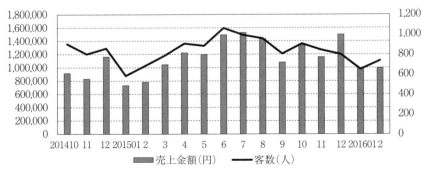

図8-6　はたマーケットの月別売上金額・客数の推移（開店月〜ヒアリング調査月）
出所：波多コミュニティ協議会ヒアリング調査提供資料をもとに作成。

第 8 章　小規模多機能自治による商業まちづくりの展開

影響していると考えられる。

　売上構成比については、ほかの地域の同規模の加盟店と同程度である。当初、高齢者世代の利用が見込まれるため、豆腐や練り製品などの和日配が売れると想定していたというが、実際の販売数量は、牛乳やヨーグルト、デザートなどの洋日配の方が多い。

　次に、対象期間が限定されるものの、はたマーケット開設から 1 年後の2015年 9 月から12月までの 4 か月間の平均月次損益を表 8 - 5 に整理した。上記期間の平均売上高は 1 か月当たり135万円である。一方、粗利率は、全日食チェーン本部の POS データに基づく情報活用などもあり、目標の20％を維持している。また、営業利益率は 3 ％となり対象期間内は黒字経営である。その最大の要因として、店舗業務に従事する協議会職員の人件費を、雲南市からの年間800万円の交付金で補えていることが挙げられるだろう。それに加えて、協議会の他事業と兼務しているため、はたマーケットの専属雇用を今のところ必要としていないことも見逃せない点である。

　しかし、今後に積み残されている課題も少なくない。当然のことながら、協議会に対して今後も継続的に行政から交付金が配布される保証はない。雲南市は、協議会の自律的な財源確保を促すとともに、財政的な支援を徐々に縮小し

表 8 - 5 　はたマーケットの月次損益（2015年 9 月～12月平均）

（単位：千円）

費目	金額	比率	備考
売上高	1,350		25日稼働
粗利高	270	20％	
人件費	15	1 ％	時間外手当分
光熱費	40	3 ％	電気代
減価償却費	57	4 ％	借入返済
本部費	100	7 ％	POS レンタル・手数料等
そのほか	15	1 ％	通信費・消耗品
営業費計	227	17％	
営業利益	43	3 ％	

出所：全日食チェーン本部ヒアリング調査提供資料。

ていく方向性を示している。そのため、協議会として店舗運営を続けていくには、交付金に依存しない協議会の収入構造が求められる。また、はたマーケットに商品を毎日配送している全日食チェーンの物流費用を考慮すると、マイクロスーパーとしての収益性は決して高いとは言えない。そのため、店舗運営を担う人員体制の維持とともに、いかに収益性を高めていくかが問題となる。

その方策として、はたマーケットと協議会それぞれの収益確保が挙げられる。すなわち、はたマーケットは、新たに販売車両を調達して移動販売を展開することを計画している。近隣に暮らしているが店舗まで行けない移動困難者などの潜在的な利用者を掘り起こすことで、売上を伸ばして収益を確保することが期待されている。

他方で、協議会は、島根県から公共施設である温泉施設「満壽の湯」とキャンプ場「さえずりの森」の指定管理を受託している。どちらもはたマーケットから車で5分ほどの距離にあり、開設以降、波多地区周辺に暮らす住民の交流の場としての役割を果たしてきた。従来はいずれの施設も島根県が管理・運営していたが、維持管理費用の問題から閉鎖する方向で調整が進められていた。しかし、協議会が存続に向けて島根県に相談を持ちかけた結果、指定管理の受託が実現したという。はたマーケットの継続的な運営のためには、協議会が施設の指定管理者として、いかに収益を上げるように工夫しながら、その収益をはたマーケットの運営資金としてどのように活用していくかが求められる。

さらに、全日食チェーンとして中長期的に考える場合、エリアに集中的に出店することで配送の効率性を高めていくことが必要である。そのために、たとえば支社や配送センターの周辺エリアにおいて、実験店舗の開設などを通じて採算の問題を検証し、いかにマイクロスーパーの出店条件を満たす地域を開拓していくかが重要な課題となるであろう。

このように考えると、小規模多機能自治の一環として取り組むことでコストを抑制できるため、買い物弱者対策としての継続的なミニスーパーの運営の可能性が拡がりを見せているといえるだろう。

しかし、地域自主組織としての活動が岐路に立たされている組織もないわけではない。組織のメンバーである住民の一部は自分自身は別の仕事に就いていることもあり負担が大きかったり、長年住み続けて組織のメンバーとなってい

第 8 章　小規模多機能自治による商業まちづくりの展開

た高齢者が亡くなることも起こり始めているためである。今後さらに人口が減り続けていくなかで、新たに転入してくることもなければ、子供の世代がＵターンしてくることも殆どないことを考慮すると、活動の担い手を確保し続けるのは容易ではない。そのため、この先も地域を支えていくためにはある程度の人口が必要であるという根源的な制約が課せられていることは言うまでもない。

　最後に、この制約に関連する地域自主組織ひいては小規模多機能自治全体に関する考察を加えたい。雲南市は、今後の地域のあり方については基本的に地域自主組織に委ねる方針を示している。ある地域の地域自主組織では、人口減少下における集落問題の専門家に依頼して、これからの住民組織のあり方についてアドバイスを求めた。会合を重ねていくなかで、維持管理が難しいため地域を切り捨てて移住してしまう、あるいは今後も馴染みがある同じ地域に住み続けるために、持続的に管理しやすいように居住地を集約するなどの選択肢が示されたという。

　しかし、組織の一部メンバーが他人の財産である土地に関わることに難色を示すなど、一筋縄では進まないのが現状のようである。小規模多機能自治について積み残された課題は少なくないと言えるだろう。

１）　中国地方では、波多地区に限らず「仕入れ難民」化している個人商店などが多い。たとえば島根県内の独立の卸売業者は、浜田市にある「吉寅商店」がDCD（共同配送）を実施している。全日食へのヒアリング調査によれば、そのほかの中国地方の独立卸は鳥取県の「徳田商店」と広島の「広川商店」くらいであるという。上記の３社以外は全国卸の系列で占められているため、これまで構築されていた地域の小売店を支える地方卸の基盤が失われつつある。
２）　1962年５月、大手スーパーマーケットの勢力拡大に対抗するために、中小の小売店が共同仕入れを目的として、前身である「東京フード株式会社」を設立した。その後、ボランタリー・チェーン活動に乗り出し、組織を拡大しながら、1968年に社名を「全日本食品株式会社」へ変更した。なお、政府としても、通商産業省産業構造審議会流通部会第３回答申（1965年）において、ボランタリー・チェーン振興を流通近代化政策として位置づけた。さらに詳細は、たとえば三村（2009）を参照されたい。
３）　詳しくは新島（2017b）を参照されたい。

199

第9章　結論

第1節　研究成果の総括

　本研究の研究目的は、地域商業あるいはその一部を構成する商店街が、経済的要素である各個店の収益の確保と社会的要素である地域の社会課題解決を両立しようとするために、外部主体と連携して実施する事業活動を分析することにより、どのような連携の仕方や事業活動が有効となるかについて明らかにすることであった。

　この研究目的を果たすために、本研究では次のような6つの研究課題を設定した。すなわち、地域商業が主体となる商業まちづくりに関する問題として、まず第1に、地域商業および商店街と外部主体の連携にはどのような特徴があるのか、第2に、商店街は外部主体と持続的で実質的な連携関係をどのように構築するのか、第3に、多様な連携相手と意欲的に事業活動を展開している商店街は、どのように経済的要素と社会的要素の両立を実現しようとしているのかという点である。

　その一方、住民組織が主体となる商業まちづくりに関する問題として、第4に、住民組織が主体となる商業まちづくりの事業の実態はどのようなものか、第5に、事業の継続性を確保するための課題は何かという点である。

　そして上記の両方を含めた商業まちづくり全体に関わる研究課題として、第6に、コミュニティ・ガバナンスの概念の理論的な考察および地域商業の調整様式に関する追試的な検討を通じて、商業まちづくりの現場において、コミュニティ・ガバナンスが具体的にいかなる効果を発揮しているかを検討するとい

う点である。

　以上の研究課題を検討するにあたり、本研究では次のように議論を展開してきた。本研究の分析結果を総括する前に、各章を要約的に整理しながら、6つの研究課題とそれぞれに対応する考察を整理すると次のようになる。

　地域商業を構成する小売業者のうち、とくに商店街の一部では、各個店の収益確保と地域課題の解決を両立させる方法のひとつとして、商店街が民間事業者やNPOあるいは大学などの多様な主体と連携して事業活動をすることが増えている。しかし、こうした動向に対して学術的な関心が寄せられているものの、そもそも商店街と外部主体の連携にはどのような特徴があるか、また、どのような特徴がある連携の仕方が持続的で実質的な連携関係を構築できるかなど、具体的な議論まで踏み込んだ研究が十分になされていなかった。これらをそれぞれ第1、第2の研究課題として設定することで、既存研究の空隙を埋めることを目指しながら、以下のように分析を展開した。

　第2章では、コミュニティ・ガバナンスの概念について検討した。まず、地域商業の調整様式としての市場的調整と政策的調整を補完する概念を模索する研究について概観したあと、先行研究に依拠しながら、コミュニティ・ガバナンスの概念について理論的な考察を加えた。その結果、地域商業における複雑かつ多様でダイナミックな問題に対して、市場的調整や政策的調整という伝統的な調整機構だけでは「望ましい」ガバナンスを実現することは困難であることから、コミュニティ・ガバナンスのような補完的な分析視角が重要であること、また、上記のような理論的な検討とともに、現実の商業まちづくりにおいて、コミュニティ・ガバナンスがいかなる効果を生み出しているかについて検討するためには、具体的な組織や事業活動を踏まえながら議論する必要があることを指摘した。

　次に、第1の研究課題に関連して、第3章において、経済的要素と社会的要素の両立に関する評価指標および分析枠組みについて検討した。具体的には、経済的要素と社会的要素の両立について検討するために「経済性」、「社会性」、「継続性」を評価指標として設定した。そのうえで、ソーシャル・キャピタル論におけるネットワークに関する分類概念である「結束型」（bonding）、「接合型」（bridging）を援用し、「接合の仕方」（フォーマル／インフォーマル）

と「連携相手との関係」（リジット／フレキシブル）の2軸を用いて、連携の特徴を分類した。

　その結果、地域内連携の特徴を暫定的に以下の4つに類型化した。具体的には、商店街組織（フォーマル）として、外部主体と固定的な連携関係を構築して事業活動を実施している「フォーマル―リジット」（以下、「①」と表記）タイプ、柔軟に連携関係を構築している「フォーマル―フレキシブル」（以下、「②」と表記）タイプ、さらに、商店街の特定の意欲的なメンバーが中心となり地域内連携を志向するという意味でインフォーマルな体制として、固定的な連携関係の「インフォーマル―リジット」（以下、「③」と表記）タイプ、柔軟に連携関係を構築している「インフォーマル―フレキシブル」（以下、「④」と表記）タイプである。

　続く第4章では、続く第5章から第7章の分析の前に、その方法と対象について説明した。第1の問題提起である地域商業が主体となる商業まちづくりに関する分析では、地域商店街活性化法の認定事例を分析対象にすることになるため、その前提として同法の概要や運用実態について整理したうえで、対象となる商店街を選定した。次に、このサンプリングの限界を補完するため、このほかにも、経済産業省・中小企業庁の表彰を受けている商店街からも対象となる商店街を別のアプローチから選定した。ここでの選定過程で重要視された要素は、地域商店街活性化法を活用していない商店街のなかでも、とくに多様な連携相手と積極的に事業活動を展開しているという点である。

　次に、第4および第5の研究課題に関連する住民組織を主体とする商業まちづくりについてである。近年、とくに地域商業の衰退が顕著である過疎地域において、日常的な買い物に不便をきたす買い物弱者問題を媒介として、地方自治および住民自治の立場から、住民組織が事業活動の一環として商業まちづくりに乗り出す試みが見られはじめていることに着目した。

　そこで、住民組織を主体とする商業まちづくりに着目する背景として、わが国における地方分権改革の変遷や住民組織の法人制度をめぐる動向を概観し、新たな住民組織制度である小規模多機能自治の実態を理解するために、その先駆的な制度のひとつである島根県雲南市の地域自主組織制度ができた経緯や目的について整理した。これらを踏まえて、買い物不便地域において、小規模多

機能自治という新たな公共的な制度と民間事業者の収益事業を組み合わせて事業を展開している事例について検討したうえで、分析対象となる事例を選定した。

第5章では、第2の研究課題に関連して、連携の特徴ごとに分析枠組みとして類型化した①と②のタイプに焦点を合わせて、各商店街がどのような地域課題に対応して、どのような事業活動を実施してきたのか、その経緯や具体的な内容を中心とする地域内連携の実態を明らかにしたうえで、それと成果との関連や連携関係を支える要因について考察した。

その結果、地域内連携に基づいて事業活動を実施する際、①のタイプは、時限的な条件のなかで単発的な連携に留まる、いわば「事業計画のため」の形式的な連携関係にあることを指摘した。一方、②のタイプは、継続的かつ日常的に連携しているため、持続的で実質的な連携関係を構築していること、商店街組織の事務局などが地域内連携の調整役や推進役として重要な役割を果たしていることが示唆された。

また、第6章では、第5章と共通する目的を持ちながら、③と④のタイプについて事例分析を展開した。その結果、③のタイプは、もともと事業活動の担い手の数が限られているため、組織設立から一定のメンバーによる固定的な関係のもとで単発的な連携で事業活動を実施している場合、事業活動の内容と組織体制が中長期的には硬直的になる傾向があることが示唆された。一方、④のタイプは、事業組織にこだわらずに多様な主体と連携関係を構築して事業活動の内容を発展させることで、追加的に地域課題やニーズに対応していくことが可能であること、しかしながら関係者が多岐にわたるため、コンセプトと事業活動の調整が難しいことを指摘した。

さらに、以上の議論を踏まえて、これまでのまとめとして4つのタイプを特徴づけて再定義した。一つひとつに関する詳細は繰り返さないが、①〜④それぞれを「形式的計画」タイプ、「調整・推進」タイプ、「事業組織」タイプ、「プロジェクト」タイプと位置づけたうえで、研究課題に対して次のように考察した。

すなわち、前述したように、地域の環境条件や課題の変化に対応していくためには、継続的でありながら変化に対応していくことが重要であるため、「調

整・推進」タイプが比較的成果を上げていることが示唆されたものの、これが可能である財政的・人的に充実している商店街は全国的に限られている。そのため、こうした問題を回避しながら、商店街組織として活動するときに直面する合意形成の問題も乗り越えて機動的に事業を展開しやすいことから、「事業組織」タイプが選択されることがあるが、もともと限られたメンバーで立ち上げているため、事業活動の内容と組織体制が硬直的になる可能性があることを示唆した。

これらの課題を念頭に置くと、より継続的で実質的な地域内連携を展開するには、ゆるやかな連携のもとで多様な連携相手と接点をもちながら、小さな活動レベルでも利用者のニーズや課題に発展的に対応していくことができる「プロジェクト」タイプのような地域内連携が重要になるという主張を導いた。

第7章では、第3の研究課題に関連して、第5章と第6章の補論的な位置づけとして、地域商店街活性化法の認定を受けていない商店街のなかで、「プロジェクト」タイプでありながら、とくに多様な連携相手との緩やかな連携のもとで積極的に事業活動を展開している浜松市ゆりの木通り商店街を対象に事例分析を展開した。それにより、多様な連携相手と積極的に事業活動を展開している商店街を分析対象とすることで、どのように経済的要素と社会的要素の両立を実現しようとしているのかを明らかにすることを目指した。

その結果、建築家やアーティストなどの専門性をもつ主体と連携しながら文化的活動の拠点としての役割を果たすことで、こうした活動に興味をもつ新しい客層が商店街に訪れ、彼らのニーズに対応するような新規出店を促進するという循環が生まれていることが明らかになった。その意味において言えば、経済的要素と社会的要素の両立を実現しようとしている事例として捉えることができると考えられる。

第8章では、その事業のひとつとして、島根県雲南市の地域自主組織である波多コミュニティ協議会と全日食チェーンが連携して運営するミニスーパーを対象に事例分析を行い、小規模多機能自治による事業の一環であることを念頭に置いて、その実態を明らかにすることを主眼に置きながら、両者の立場から事業継続に関する成果と課題について考察した。

その結果、現時点で波多コミュニティ協議会が単一事業として利益を上げる

第9章　結論

には至らないものの、地域課題である買い物弱者対策として一定の成果を上げていることを明らかにした。その一方で、全日食チェーンが雲南市のような少子高齢化と過疎化が加速している中山間地域で単独で事業を継続することは容易ではないものの、地域自治組織と連携して小規模多機能自治の一環として取り組むことによりコストを抑制できるため、買い物弱者対策としての継続的なミニスーパーの運営の可能性があることを指摘した。また、今後の小規模多機能自治制度全体の展望として、人口が減り続けるなかで、いかに担い手を確保し続けるかが課題として残されていると結論づけた。

　なお、とりわけ商業まちづくり全体の問題として設定した第6の研究課題に関わる考察として、次のことを確認する。

　すなわち、地域商業が主体となる商業まちづくりとして、経済的要素と社会的要素を両立しようとする事業活動を実施するために構築する地域内連携の特徴や成果に着目してきた。そこでは経済活動としての店舗運営だけではなく、たとえば、地域課題として認識されていた子育て世代への配慮として、近隣に暮らす子育て世代の母親にとって身近で実用的な情報誌を発行したり、日常的に地域住民との接点をもちながら、地域が抱える課題に対して小さな活動レベルで機動的に対応したりすることで、各個店の収益の確保と地域課題の解決を果たしているケースが見られた。

　他方で、住民組織が主体となる商業まちづくりにおいては、小規模多機能自治という新たな公共制度と民間事業を組み合わせることで、社会課題の解決を図るとともに収益事業として継続的運営を目指す試みに焦点を合わせてきた。人材確保や長期的な店舗の収支バランスの問題から、継続的な運営に課題がないわけではないが、とくに過疎化が加速している山間部など、民間事業者である小売業者に市場が成立しないと判断されるような地域において、いわゆる買い物弱者対策としての住民組織が主体となる商業まちづくりは、少なからず成果を上げていることを確認することができた。

　最後に、本研究全体の研究成果を総括として確認すると、次のように結論づけることができる。すなわち、今後ますます競争環境や適応するべき環境要件が変化していくことが予想されるなかで、継続的で実質的な地域内連携を展開することで経済的要素と社会的要素の両立を実現しようとするには、緩やかな

連携のもとで、利用者のニーズや課題に発展的に対応していくことができる連携のあり方が重要になるという点である。

第2節　本研究の貢献

　本章の冒頭で述べたように、地域商業およびその一部を構成する商店街が、経済的要素と社会的要素の両立のための方法として外部主体と連携することについて、その重要性は指摘されてきたものの、ほとんど連携の仕方や事業活動の具体的な内容を踏まえて分析されていないという問題を抱えていた。

　そこで本研究は、この問題を克服することを念頭に置いて位置づけた研究課題に取り組むことで、先行研究の隙間を埋めることを試みた。具体的には、地域商業および商店街と外部主体の連携にはどのような特徴があるか、さらに、分析対象である商店街が連携する目的や具体的な事業活動の内容などの実態を明らかにしたうえで、商店街は外部主体と持続的で実質的な連携関係をどのように構築しているかについて追究してきた。

　その結果として、前節で述べてきたような示唆が得られたことは、先行研究の空隙を埋めるという意味で一定程度貢献できたと考えている。すなわち、地域商業が外部主体と連携関係を構築する際、緩やかなネットワークを築きながら連携する方が、事業活動を継続的に展開しながら経済的要素と社会的要素の両立という成果を上げやすい可能性があることが確認されたことは重要な貢献であると考えている。

　他方で、住民組織などの非商業者が、地域の社会課題解決の観点から商業まちづくりに取り組む方向から、経済的要素と社会的要素を両立させようとする事業活動が展開されている実態を明らかにしたことも挙げられる。

　すなわち、住民組織が主体となる商業まちづくり、具体的には小規模多機能自治制度に基づいて結成された住民組織が主体となり、コーペラティブ・チェーンである全日食チェーンと連携してミニスーパーを運営していることについて、先端事例であることを念頭に置いて実情を明らかにしたこと、地域課題である買い物弱者対策として一定の成果を上げていることを示唆することができた。日常的な買い物場所を失うことは、とくに過疎地域に暮らす住民に

第9章　結論

とって深刻な問題であることから、今後、こうした取り組みはさらに拡がりを見せる可能性がある。その意味で、以上のような点について検討したことは実践的・学術的に一定の貢献があると思われる。

第3節　本研究の限界と今後の課題

しかし、いくつかの限界と課題も残されている。地域商業を主体とする商業まちづくりに関連する一連の分析では、以下のような点について十分に検討することができなかったことが限界として挙げられる。

すなわち、第1に、本研究で対象のひとつとした地域商店街活性化法の認定を受けた商店街は、全国すべての商店街という母集団を正確に代表しているとは必ずしも言えない。そのため、今後の課題として、さらに分析結果の一般化を図るためには、本研究のなかで必要に応じて言及してきたいくつかの商店街についても追加調査が必要となると考えられる。

第2は、経済的要素と社会的要素の両立に関する実質的な評価手法の検討が不十分な点である。地域商店街活性化法の認定申請書に記載する事業計画は、国の政策的な意向に沿うような内容が求められているため、あくまで補助金を得ることを目的に書かれた形式的な内容であることが想定される。本研究では、経済的要素と社会的要素の両立について検討するために、情報の公開性の制約から、認定申請書に記載されている情報に基づいて評価指標を設定して検討したが、より客観的な評価手法の開発が課題である。また、因果関係にも踏み込めていないため、説明変数や成果変数の検討を踏まえた定量的分析を行うことが必要であろう。

第3に、ソーシャル・キャピタル論におけるネットワークに関する分類概念である「結束型」（bonding）、「接合型」（bridging）に関して深く掘り下げて検討することができなかった点が挙げられる。本研究では、同質的な人々が集まる「内向きで排他的なアイデンティティ」をもつ「結束型」、異質的な人々が繋がる「外向きで多様な人々を包含する非排除的なアイデンティティ」をもつ「接合型」という分類概念に基づいて分析枠組みを設定した。しかし、本来ならば、こうした特性を議論する場合、メンバーの属性およびメンバー間の関

係性の規定要因などについて、社会学的な観点から考察していく必要があるように思われる。この点についても今後の研究課題として残されている。

　また、住民組織を主体とする商業まちづくりに対応する一連の分析に関連する限界もある。地域商業の研究領域においては先端事例として位置づけられるものであり、これまでほとんど取り扱われていない。そのため、本来ならば複数の事例を対象として事象の実態などについて分析する必要がある。本研究は、小規模多機能自治制度の一環で取り組まれていることに焦点を合わせていたこと、その他の事例が比較的最近始動しているため調査を実施する時間的余裕がなかったことなどの理由から、単一事例による分析をせざるを得なかった。これが第4の限界である。その意味において、十分に比較検討できたわけではないことから、今後はこれらの事例について追加調査が求められる。

　第5に、商業まちづくり全体の問題に関する考察に関わる次のような限界がある。本研究ではコミュニティ・ガバナンスという考え方に着目しながら、地域商業研究に関連づけて議論を展開することを本研究に通底する問題として位置づけてきた。しかし、コミュニティ・ガバナンスに関係する領域の先行研究を網羅的にレビューしたとは言えないため、関連領域の先行研究についてさらに深堀りしていく必要がある。

　今後は、これらの点についてより検討を深めたうえで、分析を洗練させていく必要があると考える。

参考文献

青木昌彦・奥野正寛・岡崎哲二（1999）『市場の役割　国家の役割』東洋経済
　　新報社。

足立基浩（2010）『シャッター通り再生計画—明日からはじめる活性化の極
　　意』ミネルヴァ書房。

足立基浩（2013）『イギリスに学ぶ商店街再生計画—「シャッター通り」を変
　　えるためのヒント』ミネルヴァ書房。

荒川祐吉（1973）『流通政策への視角』（チクラ・マーケティング・サイエン
　　ス・シリーズ），千倉書房。

伊賀市・名張市・朝来市・雲南市（2014）『小規模多機能自治組織の法人格取
　　得方策に関する共同研究報告書』。

石井淳蔵（1991）「地域小売商業研究におけるミッシング・リンク」『國民經濟
　　雑誌』（神戸大学）第164巻第2号，pp.21-40。

石井淳蔵（1996）『商人家族と市場社会—もうひとつの消費社会論』有斐閣。

石井淳蔵（2009）『ビジネス・インサイト—創造の知とは何か』岩波新書。

石原武政（1985）「中小小売商の組織化—その意義と形態—」『中小企業季報』
　　（大阪経済大学）第4巻，pp.1-8。

石原武政（1991）「商店街の合意形成と行政支援」『中小企業季報』（大阪経済
　　大学）第3巻，pp.10-17。

石原武政（1994）「規制緩和と流通論の課題」『経営論集』（慶応義塾大学）第
　　12巻第2号，pp.21-34。

石原武政（1995）「商店街の組織特性」『経営研究』（大阪市立大学）第45巻第
　　4号，pp.1-15。

石原武政（2000a）『商業組織の内部編成』千倉書房。

石原武政（2000b）『まちづくりの中の小売業』有斐閣選書。

石原武政（2006）『小売業の外部性とまちづくり』有斐閣。

石原武政（2010a）「いまなぜ、まちづくりか」石原武政・西村幸夫編『まちづ
　　くりを学ぶ』有斐閣。

石原武政（2010b）「小売業の地域貢献を考える視点」『流通情報』第41巻第5

号，pp. 6 -13。

石原武政編（2011a）『商務流通政策　1980-2000』（通商産業政策史４）独立行政法人経済産業研究所。

石原武政（2011b）「小売業から見た買い物難民」『都市計画』第60巻第 6 号，pp.46-49。

石原武政（2014a）「商店街の不動産と商店街組織（上）」『流通情報』第46巻第 2 号，pp.44-57。

石原武政（2014b）「商店街の不動産と商店街組織（下）」『流通情報』第46巻第 3 号，pp.50-61。

石原武政・石井淳蔵（1992）『街づくりのマーケティング』日本経済新聞社。

石原武政・矢作敏行（2004）『日本の流通100年』有斐閣。

糸園辰雄（1975）『日本中小商業の構造』ミネルヴァ書房。

稲葉陽二（2011）『ソーシャル・キャピタル入門』中央公論新社。

岩間信行（2015）『[改訂新版] フードデザート問題—無縁社会が生む「食の砂漠」—』農林統計協会。

渦原実男（2004）「商店街の再生とコミュニティ・ビジネス」『商学論集』（西南学院大学）第51巻第 1 号，pp.105-135。

宇野史郎（2005）『現代都市流通とまちづくり』中央経済社。

雲南市（2001）『コミュニティ・住民自治プロジェクト報告書』。

雲南市（2002）『新市建設計画』。

加藤司（2003）「『所縁型』商店街組織のマネジメント」加藤司編著『流通理論の透視力』所収。千倉書房。

加藤司（2005）「商業まちづくりの展開に向けて」石原武政・加藤司編『商業・まちづくりネットワーク』所収。ミネルヴァ書房。

加藤司（2008）「日本の商業における事業継承の特殊性」『経営研究』（大阪市立大学）第58巻第 4 号，pp.127-143。

加藤司（2009）「地域商業研究の展望」石原武政・加藤司編著『地域商業の競争構造』所収。中央経済社。

金井利之（2007）『自治制度』東京大学出版会。

川北秀人編（2016）『ソシオマネジメント第 3 号小規模多機能自治〜総働で人

「交」密度を高める』[IIHOE] 人と組織と地球のための国際研究所。

河田潤一（2015）「ソーシャル・キャピタルの理論的系譜」『ソーシャル・キャ
　　ピタル』所収。ミネルヴァ書房。

清成忠男（1983）『地域小売商業の新展開』日本経済新聞社出版局。

草野厚（1992）『大店法　経済規制の構造—行政指導の功罪を問う』日本経済
　　新聞社。

久保村隆祐・田島義博・森宏（1982）『流通政策』（現代商学全集—11），中央
　　経済社。

小宮一高（2009）「都市型商業集積の形成と街並み」加藤司・石原武政編著
　　『地域商業の競争構造』所収。中央経済社。

佐伯啓思（1999a）『幻想のグローバル資本主義（上）』PHP研究所。

佐伯啓思（1999b）『幻想のグローバル資本主義（下）』PHP研究所。

佐伯啓思（2002）「グローバル市場社会の〈文化的矛盾〉」佐伯啓思・松原隆一
　　郎『〈新しい市場社会〉の構想』新世社。

坂本秀夫（2004）『日本中小商業問題の解析』同友館。

佐藤善信監修／高橋広行・徳山美津恵・吉田満梨（2015）『ケースで学ぶケー
　　ススタディ』同文舘出版。

柴田直子（2012）「地方自治とは何か」柴田直子・松井望編著『地方自治論入
　　門』所収。ミネルヴァ書房。

杉田聡（2010）『買物難民—もうひとつの高齢者問題』大月書店。

鈴木安昭（1990）「公共政策としての大店法—『中小小売商』存続との関連」
　　日本経済新聞社編『大店法が消える日』所収。日本経済新聞社。

高嶋克義（2012）『現代商業学［新版]』有斐閣。

武岡朋子（2014）「都市自治体における地域コミュニティ施策の状況」日本都
　　市センター『地域コミュニティと行政の新しい関係づくり〜全国812都市
　　自治体へのアンケート調査結果と取組事例から〜』所収。中広東京支社。

田村正紀（1981）『大型店問題』千倉書房。

田村正紀（1986）『日本型流通システム』千倉書房。

田村正紀（1986）『流通原理』千倉書房。

田村正紀（2006）『リサーチ・デザイン—経営知識創造の基本技術』白桃書房。

211

田村正紀（2008）『業態の盛衰―現代流通の激流』千倉書房。

地域生活インフラを支える流通のあり方研究会（2010）『地域生活インフラを支える流通のあり方研究会報告書～地域社会とともに生きる流通～』経済産業省。

中小企業審議会経営支援分科会商業部会（2009）『「地域コミュニティの担い手」としての商店街を目指して―様々な連携によるソフト機能の強化と人づくり』

通商産業省企業局編（1971）『70年代における流通―産業構造審議会第9回中間答申』大蔵省印刷局。

通商産業省産業政策局・中小企業庁編（1984）『80年代の流通産業ビジョン』通商産業調査会。

通商産業省産業政策局・中小企業庁（1995）『21世紀に向けた流通ビジョン―我が国流通の現状と課題』通商産業調査会。

通商産業省産商政課編（1989）『90年代の流通ビジョン』通商産業調査会。

辻中豊・R・ペッカネン・山本英弘（2009）『現代日本の自治会・町内会―第1回全国調査にみる自治力・ネットワーク・ガバナンス―』木鐸社。

坪郷實（2015）「ソーシャル・キャピタルの意義と射程」坪郷實編著『ソーシャル・キャピタル』所収。ミネルヴァ書房。

内閣府経済社会総合研究所（2005）『コミュニティ機能再生とソーシャル・キャピタルに関する研究調査報告書』日本総合研究所。

長坂泰之編著（2012）『100円商店街・バル・まちゼミ』学芸出版社。

中島商店会コンソーシアム（2011）『緊急雇用創出推進事業　商店街等連携活性化推進事業　業務実施結果報告書』。

中田知生（2015）「コミュニティ・ガバナンスとは何か―コミュニティ研究における社会関係資本―」『北星学園大学社会福祉学部北星論集』第52巻，pp.93-101。

新島裕基（2015a）「地域商店街活性化法の事業評価に関する分析視角―事例研究に向けた予備的考察」『専修ビジネス・レビュー』第10巻第1号，pp.49-60。

新島裕基（2015b）「地域内連携に基づく商店街活動の実態とその効果―地域

商店街活性化法の認定事例を対象として」『商学研究所報』（専修大学）第
47巻第3号，pp.1-39。

新島裕基（2016）「地域課題の解決に向けた地域商業と外部主体との連携―
ソーシャル・キャピタルの観点から」『商学研究所報』（専修大学）第48巻
第1号，pp.1-35。

新島裕基・濵満久・渡邉孝一郎・松田温郎（2015）「特定商業集積整備法を活
用した商業集積の開発および運営の実態：『ア・ミュー』，『アスカ』，『フォ
ンジェ』，『コモタウン』」『山口大学経済学会 DISCUSSION PAPER
SERIES』No.31。

新島裕基・渡辺達朗（2016）「地域商業・商店街の収益事業と社会的活動の両
立をめぐる一考察―地域課題の解決に向けた商店街活動の実態とその効
果」『日本商業学会全国研究大会報告論集』pp.38-46。

新島裕基（2017a）「地域商業と多様な主体による緩やかなネットワークの形成
―浜松市ゆりの木通り商店街を事例として」『専修ビジネス・レビュー』
第12巻第1号，pp.35-44。

新島裕基（2017b）「超高齢社会における中山間地域型スーパーの展開―全日
食チェーンを事例として」『流通情報』第48巻第5号，pp.60-75。

日本建築学会編（2004）『中心市街地活性化とまちづくり会社』丸善。

日本都市センター（2014）『地域コミュニティと行政の新しい関係づくり～全
国812都市自治体へのアンケート調査結果と取組事例から～』中広東京支
社。

日本都市センター（2015）『都市自治体とコミュニティの協働による地域運営
を目指して―協議会型住民組織による地域づくり―』報光社。

原田英生（1994）「一律規制緩和論批判―小売出店規制をめぐって―」『季刊
マーケティング・ジャーナル』日本マーケティング協会，第13巻第14号。

原田英生（1999）『ポスト大店法時代のまちづくり―アメリカに学ぶタウン・
マネージメント』日本経済新聞社。

畢滔滔（2006）「商店街組織におけるインフォーマルな調整メカニズムと組織
活動―千葉市中心市街地商店街の比較分析―」『流通研究』第9巻第1
号，pp.87-107。

広井良典（2009）『コミュニティを問いなおす―つながり・都市・日本社会の未来』ちくま書房。

広井良典（2015）『ポスト資本主義―科学・人間・社会の未来』岩波新書。

福田敦（2005）「地域資源循環型協働プラットホーム構想による商店街存立モデルの提案」『流通』第18巻，pp.42-48。

福田敦（2008）「地域社会の変容と商店街の機能革新―先進事例に見る商店街の戦略的視点と中間支援組織の役割―」『経済系』関東学院大学経済学会第234集，pp.74-96。

福田敦（2009）「外部主体との連携に向けた商店街の組織戦略」『経済系』（関東学院大学），pp.16-32。

福田敦（2014）「商店街のレーゾンデートルとポテンシャル―CSV パースペクティブによる議論」『経済経営研究所年報』（関東学院大学）第36巻，pp.1-17。

松島茂（2009）「地域商業振興とまちづくり三法」石原武政・加藤司編著『日本の流通政策』中央経済社。

松本英昭（2012）『地方自治法の概要（第4次改定版）』学陽書房。

丸山雅祥（1993）『日本市場の競争構造』創文社。

三浦展・藤村龍至・南後由和（2016）『商業空間は何の夢を見たか―1960～2010年代の都市と建築』平凡社。

三隅一人（2013）『社会関係資本―理論統合の挑戦』（叢書・現代社会6）ミネルヴァ書房。

三村優美子（2009a）「中小小売商問題と流通近代化」『経営論集』（青山学院大学）第43巻第4号，pp.61-85。

三村優美子（2009b）「商業近代化政策」石原武政・加藤司編著『日本の流通政策』所収。中央経済社。

宮川公男・大守隆編著（2004）『ソーシャル・キャピタル―現代経済社会のガバナンスの基礎』東洋経済新報社。

薬師寺哲郎編著（2015）『超高齢社会における食料品アクセス問題―買い物難民、買い物弱者、フードデザート問題の解決に向けて―』ハーベスト社。

矢作弘（1997）『都市はよみがえるか―地域商業とまちづくり』岩波書店。

矢作弘（2005）『大型店とまちづくり―規制進むアメリカ、模索する日本』岩波新書。

矢作弘（2009）『「都市縮小」の時代』角川 one テーマ21。

矢作弘（2014）『縮小都市の挑戦』岩波新書。

山口信夫（2014）「日本における商業者と地域コミュニティの関係を捉える視点：愛媛県今治市の中心商店街を事例とした探索的研究」『流通研究』第17巻第2号，pp.3-26。

山田浩之・徳岡一幸編（2007）『地域経済学入門［新版］』有斐閣コンパクト。

山本啓（2004）「公共サービスとコミュニティ・ガバナンス」武智秀之編『都市政府とガバナンス』所収。中央大学出版部。

横山斉理（2006）「小売商業集積における組織的活動の規定要因についての実証研究」『流通研究』第9巻第1号，pp.41-57。

横山斉理（2013）「商店街における主体間関係と組織的活動の関係」『流通情報』第44巻第5号，pp.13-28。

渡辺達朗（2001）「都市中心部からの大型店等の撤退問題とまちづくりの取り組み」『商学論集』（専修大学）第73号，pp.263-301。

渡辺達朗（2003）「まちづくりと商店街組織―組織の行動原理の変化を中心にして―」『商学研究年報』（専修大学）第28巻，pp.31-54。

渡辺達朗（2010a）「まちに賑わいをもたらす地域商業」石原武政・西村幸夫編著『まちづくりを学ぶ』有斐閣。

渡辺達朗（2010b）「地域商業における3つの調整機構と魅力再構築の方向―市場的調整・政策的調整・社会的調整」『流通情報』第41巻第5号，pp.32-42。

渡辺達朗（2014）『商業まちづくり政策―日本における展開と政策評価』有斐閣。

渡辺達朗（2016）『流通政策入門［第4版]』中央経済社。

Bowles, Samuel（1998）, "Endogenous Preferences: The Cultural Consequences of Markets and Other Economic Institutions", *Journal of Economic Literature*, 36.

Bowles, Samuel, and Herbert Gintis（1998a）, "The Moral Economy of

Community: Structured Populations and the Evolution of Prosocial Norms", *Evolution & Human Behavior*, 19, pp. 3 -25.

Bowles, Samuel, and Herbert Gintis (1998b), Erik Olin Wright (eds.), *Recasting Egalitarianism: New Rules for Communities, States and Markets, Verso.*(サミュエル・ボールズ，ハーバート・ギンタス著；エリック・オリン・ライト編／遠山弘徳訳（2002）『平等主義の政治経済学：市場・国家・コミュニティのための新たなルール』大村書店。)

Bowles, Samuel, and Herbert Gintis (2002), "Social Capital and Community Governance," *Economic Journal*, 112 (November) pp.419–436.

Burt, Ronald S (1992), *Structural Holes*, Cambridge: Harvard University Press（安田雪訳（2006）『競争の社会的構造―構造的空隙の理論』新曜社。)

Burt, Ronald S (2001), "Structural Holes versus Network Closure as Social Capital" In Nan Lin, Karen Cook and Ronald Burt (eds.), *Social Capital: Theory and Rese- arch*, Hawthorne, NY: Aldine de Gruyter, pp.31–56.

Burt, Ronald S (2005), *Brokerage and Closure: An Introduction on Social Capital*, Oxford University Press.

Coleman, J. S (1988a), "Social Capital in the Creation of Human Capital," *American Journal of Sociology* 94: S95–S120. （野沢慎司編・監訳（2006）『リーディングス　ネットワーク論―家族・コミュニティ・社会関係資本』所収。勁草書房)

Coleman, J. S (1988b), "Free Riders and Zealots: The Role of Social Networks," *Sociological Theory* 6 : 52–57.

Coleman, J. S (1990), *"Foundations of Social Theory"*, Harvard University Press.

Denters, b. and L. E. Rose. eds (2005) *Comparing Local Governance: Trends and Developments*, Basingstoke: Palgrave Macmillan.

Granovetter, Mark S (1973), "The Strength of Weak Ties." *American Journal of Sociology*, 78, pp.1360–1380. （野沢慎司編・監訳（2006）『リーディングス　ネットワーク論―家族・コミュニティ・社会関係資本』所収。勁草書

房）

Granovetter, Mark S (1985), "Economic Action and Social Structure: The Problem of Embeddedness," *American Journal of Sociology* 91 （3）: 481-510.（渡辺深訳『転職—ネットワークとキャリアの研究』所収。ミネルヴァ書房）

Jane Jacobs (1961), *The Death and Life of Great American Cities.*（山形浩生訳『［新版］アメリカ大都市の生と死』鹿島出版会。）

Kooiman, Jan (2000) "Societal Governance: Levels, Models, and Orders of Social-Political Interaction," in Pierre (ed.) Debating Governance, Oxford and NewYork: Oxford University Pres.

Kooiman, Jan (2003) Governing as Governance, London, Thousand Oaks and New Delhi: Sage Publications.

Lin, Nan (2001), "Social Capital" *A Theory of Social Structure and Action*, Cambridge University Press.（筒井淳也・石田光規・桜井政成・三輪哲・土岐智賀子訳（2008）『ソーシャル・キャピタル—社会構造と行為の理論』ミネルヴァ書房。）

McKieran, Laura C, and S. Kim, and Roz D. Lasker (2000) Collaboration: Learning the Basics of Community Governance, Community,: 3, pp.23-29.

Milgrom, P. and J. Roberts (1992), *Economics, Organization and Management*, Prentice-Hall（奥野正寛・伊藤秀史・今井晴雄・西村理・八木甫（1997）『組織の経済学』NTT 出版。）

Ostrom, Elinor (1990), *Governing the Commons: The Evolution of Collective Action*, Cambridge University Press, UK.

Ostrom, Elinor (2000), "Social Capital: A Fad or a Fundamental Concept?" Dasgupta, Partha and Ismail Serageldin (eds.), *Social Capital: A Multifaceted Perspective*, World Bank: 172-214.

Ostrom, Elinor & T.K. Ahn (2009), "The meaning of social capital and its link to collective action" In Gert Tinggaard Svendsen & Gunnar Lind Haase Svendsen. (eds.) *Handbook of Social Capital: The Troika of Sociology, Political Science and Economics*, Edward Elgar, pp.17-35.

Pekkanen, R. J. (2006) *"Japan's Dual City Society: Members without Advocates."* Stanford, CA: Stanford University Press. (佐々田博教訳 (2008)『日本における市民社会の二重構造』木鐸社。)

Pekkanen, R. J. (2009), "Japan's Neighborhood Associations: Members without Advocacy," B. L. Read with R. pekkanen eds. *Local Organizations and Urban Governance in East and Southeast Asia: Stradding State and Society*, Oxford: Routledge: 27-57.

Porter & Kramer (2010), "Creating Shared Value," *Harvard Business Review*, Vol.89, Jan/Feb, pp.62-77.

Putnam, Robert D (1993), *Making Democracy Work: Civil Traditions in Modern Italy*, Princeton University Press. (河田潤一訳 (2001)『哲学する民主主義―伝統と改革の市民的構造』NTT 出版。)

Putnam, Robert D (2000), *Bowling Alone: The Collapse and Revival of American Community*, Simon & Schuster (柴内康文訳 (2006)『孤独なボウリング―米国コミュニティの崩壊と再生』柏書房。)

Stoker, G. (2004) *Transforming Local Governance: From Thatcharism to New Labor*, New York: Basingstoke.

Warren, E. Mark (2008), "The nature and logic of bad social capital" In Castiglion, Dario, Jan W. Van Deth & Guglielmo Wolleb. (eds.) *The Handbook of Social Capital*, Oxford University Press, pp.122-149.

Wellman, Bally (1979), "The Community Question: The Intimate Networks of East Yorkers", American Journal of Sociology, 84, pp.1201-1231. (野沢慎司編・監訳 (2006)『リーディングス　ネットワーク論―家族・コミュニティ・社会関係資本』所収。勁草書房)

付録：インタビューリスト

※所属・役職は調査当時

・飯塚市本町商店街振興組合（調査日：2015 年 1 月 16 日）
　➢　前田精一氏（飯塚市本町商店街振興組合理事長）
　➢　縄田真照氏（飯塚市本町商店街振興組合）
　➢　香月法彦氏（飯塚商工会議所総務課）
　➢　久保森住光氏（株式会社まちづくり飯塚）

・秋田市駅前広小路商店街振興組合（調査日：2015 年 2 月 18 日）
　➢　平澤孝夫氏（秋田市駅前広小路商店街振興組合理事長）
　➢　佐々木邦夫氏（秋田市駅前広小路商店街振興組合事務局長）
　➢　目時均氏（秋田県中小企業団体中央会事業振興部商業振興課）
　➢　山本繁広氏（秋田県中小企業団体中央会事業振興部工業振興課）

・小千谷市東通商店街振興組合（調査日：2015 年 2 月 25 日）
　➢　高野直人氏（小千谷市東通商店街振興組合代表理事／東小千谷夢あふれ
　　　るまちづくり活性化協議会副会長）
　➢　新保正文氏（東小千谷夢あふれるまちづくり活性化協議会会長）
　➢　金井信雄氏（東小千谷夢あふれるまちづくり活性化協議会マネージャー）
　➢　増川雅史氏（小千谷市企画政策課まちづくり推進室）

・中島商店会コンソーシアム（調査日：2015 年 5 月 7 日）
　➢　小野寺芳子氏（中島商店会コンソーシアム代表理事）
　➢　石岡春夫氏（中島商店会コンソーシアム事務局長）

・ゆりの木通り商店街①（調査日：2015 年 9 月 5 日、6 日）
　➢　鈴木基夫氏（田町東部繁栄会会長）

- ➤ 彌田徹氏（建築設計事務所403architecture［dajiba］）
- ➤ 水谷供子氏（浜松市産業部産業振興課商業振興グループ長副主幹）
- ➤ 白谷直樹氏（ファッションデザイナー）

・七日町商店街振興組合（調査日：2015年9月8日）
- ➤ 下田孝志氏（七日町商店街振興組合事務長）

・大川商店街協同組合（調査日：2015年9月9日）
- ➤ 宗光定男氏（大川商店街協同組合理事長）

・きじ馬スタンプ協同組合（調査日：2015年9月10日）
- ➤ 岡本光雄氏（東九日町商店街振興組合理事長／きじ馬スタンプ協同組合代表理事）
- ➤ 深水昇氏（協同組合人吉商連代表理事）
- ➤ 熊澤喜八氏（人吉西九日町商店街振興組合理事長）
- ➤ 今井詩織氏（きじ馬スタンプ協同組合事務員）

・呉中通商店街振興組合（調査日：2015年9月25日）
- ➤ 小松慎一氏（呉中通商店街振興組合理事長）

・釧路第一商店街振興組合（調査日：2015年11月25日）
- ➤ 羽生武喜氏（釧路第一商店街振興組合理事長）
- ➤ 三島基浩氏（釧路第一商店街振興組合専務理事）

・青森新町商店街振興組合（調査日：2015年11月26日）
- ➤ 堀江重一氏（青森新町商店街振興組合事務局長）

・全日本食品株式会社本部（調査日：2016年2月1日）
- ➤ 佐藤隆氏（全日本食品株式会社常務取締役　関東支社長兼マーケティング本部長）

付録：インタビューリスト

➢ 宇田川貴志氏（全日本食品株式会社マーケティング本部副本部長）
➢ 山田和弘氏（全日本食品株式会社 RS 本部店づくり部課長）

・波多コミュニティ協議会（調査日：2016年 2 月28日）
➢ 山中満寿夫氏（波多コミュニティ協議会会長）
➢ 宇田川貴志氏（全日本食品株式会社マーケティング本部副本部長）
➢ 近藤雅昭氏（全日本食品株式会社中国支社長）
➢ 山口彰久氏（全日本食品株式会社島根支店 RS 課）

・雲南市（調査日：2016年 3 月 1 日）
➢ 板持周治氏（雲南市政策企画部地域振興課地域振興グループ統括主幹）
➢ 鈴木佑里子氏（雲南市産業振興部商工観光課主幹）
➢ 宇田川貴志氏（全日本食品株式会社マーケティング本部副本部長）
➢ 近藤雅昭氏（全日本食品株式会社中国支社長）

・ゆりの木通り商店街②（調査日：2016年 3 月25日、26日）
➢ 鈴木基夫氏（田町東部繁栄会会長）
➢ 彌田徹氏（建築設計事務所403architecture ［dajiba］）
➢ 水谷供子氏（浜松市産業部産業振興課商業振興グループ長副主幹）
➢ 磯村克郎氏（静岡文化芸術大学デザイン学部教授）

・ゆりの木通り商店街③（調査日：2016年 5 月20日）
➢ 鈴木基夫氏（田町東部繁栄会会長）
➢ 白谷直樹氏（ファッションデザイナー）

索　引

【あ行】

青森新町商店街振興組合　86

秋田市駅前大通商店街振興組合　70

新しい公共　54, 56

依存と競争　30

一店逸品運動　88

逸品お店回りツアー　89

インフォーマル-フレキシブルタイプ　35

インフォーマル-リジットタイプ　35

雲南ゼミ　63

NPO　4, 20, 52

FSP　188

大川商店街協同組合　78

お互いさまスーパー　64

小千谷東大通商店街振興組合　120

【か行】

かあべえ屋　66, 191

外部ネットワーク　28

外部不経済　19

買い物弱者　7, 13, 20, 54, 61, 66, 105, 109,
　　185, 198, 202, 214

KAGIYA ビル　162, 168

過疎地域　6, 7, 54, 176, 202, 206

関係的合理性　19

がんばる商店街30選　53, 67

がんばる商店街77選　53, 67

きじ馬スタンプ協同組合　103

規制緩和　8, 10, 20, 70, 110

規制緩和推進要綱　15

90年代流通ビジョン　15

行政区域　4

行政事業レビュー　41

共有資源（コモンズ）の管理問題　19

空間的競争　8, 19

釧路第一商店街振興組合　112

経済産業局　37, 40, 73, 117, 138, 145

経済産業省　11, 42, 202, 212

経済的規制　15, 16, 18

経済的交換　19

経済的合理性　16, 18

形式地域　4

形式的計画タイプ　152

結合生産　27

結合利潤　27

結節地域　4

結束型ネットワーク　32

構造的隙間　32

効率的交換　16

コーペラティブ・チェーン　6, 12, 54, 61,
　　186, 188, 206

呉中通商店街振興組合　127

コミュニティ　4, 17

索　引

コミュニティ・ガバナンス　8, 14, 208, 212

コラボレーション　21, 22

【さ行】

財務省主計局　42

サッチャリズム　16

三方よし　3, 12

市街化調整区域　17

事業組織タイプ　152

市場的調整機構　8

市場の失敗　8, 17, 20, 22

自治会　57, 212

指定管理（者）　66, 198

品揃え価格　17

島根県雲南市　11, 54, 60, 68, 177, 180, 202

社会的規制　16, 18

社会的機能　4, 29, 38

社会的交換　19

社会的調整機構　8

住民自治協議会　62

住民自治協議会　62

準自治体　58

小規模多機能自治　6, 11, 54

小規模多機能自治推進ネットワーク会議　6

小規模多機能自治推進ネットワーク協議会　63

商業近代化地域計画　87

商業集積　16, 32, 86, 94, 110, 120, 138, 144, 211, 213

商業の外部性　8

商業まちづくり　6

商店街・まちなかインバウンド促進支援事業　45

商店街活性化事業計画　37

商店街事務局　93

商店街振興組合　12, 25

商店街組織　5, 10, 25, 32

商店街まちづくり事業　40, 44, 45

商店街マップ　90-92, 109, 130, 133, 139, 140, 148, 174

商店街ライフサイクル　28

消費者利益　16

所縁型　26, 210

新・がんばる商店街77選　53, 67

政策的調整機構　8

政府の失敗　8, 20, 22

接合型ネットワーク　32

ZFSP　188, 193

全国商店街支援センター　40, 67, 83, 164

全日食チェーン　12, 61, 176, 183, 186, 188, 204, 213

戦略的中心市街地商業等活性化支援事業　43, 44

ソーシャル・キャピタル　5, 10, 19, 201, 207, 210

ソーシャル・キャピタル論　8, 10, 19, 24, 25, 31, 201, 207

【た行】

第3セクター　66, 87, 191

大店法　14, 23, 70, 81, 110, 211, 213

223

大店法改正関連五法　16

地域　3

地域経済学　4, 215

地域原理　8, 19

地域コミュニティの担い手　12, 17, 24, 38, 48, 67, 74, 85, 212

地域資源循環型商店街モデル　29

地域自主組織　11, 61, 177

地域自治協議会　63

地域自治区　55, 58

地域自治区制度　58

地域自治組織　55, 58

地域商業　3

地域商業自立促進事業　39, 42, 45

地域商業の4要素　31

地域商店街活性化事業　40, 43, 44

地域商店街活性化法　35

地域づくり組織　63

地域内連携　4

地域の論理　7, 18

逐次型合意形成　26

地方創生　56, 64, 67

地方創生加速化交付金　56, 67

地方創生先行型交付金　56, 64

地方版総合戦略　56

地方分権一括法　55

地方分権改革推進法　56

地方分権推進法　55

中間支援組織　30, 214

中小企業基盤整備機構　123, 130

中小企業政策審議会商業部会　38, 53

中小企業庁　11, 37, 41, 47, 53, 67, 75, 83, 90, 98, 105, 111, 116, 125, 131, 139, 146, 202, 212

中小企業庁中小企業政策審議会商業部会　53

中小企業庁中小企業政策審議会中小企業経営支援分科会　53

中小小売商業振興法　16, 81

中小商業活力向上事業　42, 144

中心市街地活性化基本計画　71, 72, 95, 123, 130

中心市街地活性化法　71, 72, 87, 96, 100, 130

中心市街地再興戦略事業　45, 160, 161, 174

中心市街地魅力発掘・創造支援事業　44

調整・推進タイプ　152

調整政策　18

通商産業省産業構造審議会流通部会　15, 87, 199

強い互酬性　21

DID　143

同時型合意形成　26

同質地域　4

独立行政法人　123, 130, 210

都市的流通システム　18

都市の非可逆性　8, 19

取引合理性　19

【な行】

内閣府地方制度調査会　55

索　引

中島商店会コンソーシアム　134

仲間型　26

70年代における流通　87, 212

七日町商店街振興組合　93

日常業務の周期性の制約　27

日米構造問題協議　14, 70

日本政策金融公庫　187

認可地縁団体　58-60, 184, 192

ネットワーク閉鎖性　32

【は行】

ハイマート2000構想　15

波多交流センター　184, 186, 191, 192, 193

波多コミュニティ協議会　12, 177, 179,
　　　183, 196, 204, 221

はたマーケット　12, 186, 190

パティオ事業　81

はばたく商店街30選　53, 67

非関税障壁　14

兵庫県朝来市　60, 63

フォーマル－フレキシブルタイプ　35

フォーマル－リジットタイプ　35

フリーライド　21

プロジェクトタイプ　152, 153, 155, 158,
　　　173, 174

貿易収支問題　14

補完型　26

歩行者通行量　33

保護政策　16

【ま行】

マイクロスーパー　12, 68, 186, 196, 198

まち・ひと・しごと創生法　56

街づくり会社構想　15

万年橋パークビル　161

三重県伊賀市　60, 62

三重県名張市　63

【や行】

ゆりの木通り商店街　158

弱い紐帯　32

【ら行】

流通近代化　16, 199, 214

累積型　26

レーガノミクス　16

225

新島裕基（にいじま　ゆうき）

1987年生まれ。2017年、専修大学大学院商学研究科博士後期課程修了。博士（商学）。現在、専修大学商学部兼任講師。

専門は流通論、流通政策論。

主な業績は、「超高齢社会における中山間地域型スーパーの展開」（単著、『流通情報』第48巻第5号、公益財団法人流通経済研究所、2017年）、「地域商業と多様な主体による緩やかなネットワークの形成」（単著、『専修ビジネス・レビュー』第12巻第1号、専修大学商学研究所、2017年）、『小売業起点のまちづくり』（分担執筆（第9章）、碩学舎、2018年）など。

地域商業と外部主体の連携による
商業まちづくりに関する研究
──コミュニティ・ガバナンスの観点から

2018年2月28日　　第1版第1刷

著　者　新島裕基

発行者　笹岡五郎

発行所　専修大学出版局
　　　　〒101-0051東京都千代田区神田神保町3-10-3
　　　　　　　　　　㈱専大センチュリー内
　　　　電話 03-3263-4230㈹

印　刷　亜細亜印刷株式会社
製　本

©Yuki Niijima 2018　Printed in Japan
ISBN978-4-88125-320-5